『文化传家』系列丛书

岁时看事

中国人的节气生活

岳强 著

文匯出版社

目次

总序

生活·生命

20世纪30年代，林语堂先生在撰写他的代表作《生活的艺术》时，曾给中国读者写了一封信。信中说中国人之生活艺术久为西方士人所见称，而向无专书，苦不知内容，到底中国人如何艺术法子，如何品茗，如何行酒令，如何观山，如何玩水，如何看云，如何鉴石，如何养花、蓄鸟、赏雪、听雨、吟风、弄月……我小的时候读《生活的艺术》时便有困惑：我们中国人的生活果真如此惬意吗？林先生是五四新文化那一批人中讲好中国故事的代表，作为“两脚踏中西方文化”的他，对东西方文化有着深刻的领悟，我长大了才慢慢懂得，林先生是写出了中国人对于生活的精髓。观山玩水、看云鉴石，不只是生活中的游戏，而是在困苦中找到生活的快乐。

《论语》开篇，子曰：“学而时习之，不亦说乎？有朋自远方来，不亦乐乎？人不知，而不愠，不亦君子乎？”头两句就是讲快乐的，而第三句的“不愠”，指的是不生气，其实讲的也是快乐。中华民族历经几千年历史，可谓磨难重重，危难兴邦，可是中国人对于生活的态度是，再苦难的生活，依然要在痛苦中寻找快乐，在苦难中看到光明，在绝望中看到希望。

我大学一年级的时候参加了学校组织的扶贫考察活动。当时我们去了陕西最贫困的县，看到最贫困的老百姓住的是窑洞。走进窑洞，环顾四周，可谓家徒四壁，非常简陋。但我忽然瞧见在窗户上还贴着红灿灿的窗花，感觉到即使在那么贫困的环境中依然能够看到生活的希望，这大概就是我们中华民族历经劫难，依然能够在艰难困苦中崛起富强的原因吧！

明代才子金圣叹的《不亦快哉》三十三则，细细品味，都是讲生活日常。第一快是讲炎炎夏日，鸟都不敢在天上飞，大汗淋漓，吃不下饭，地上潮湿，苍蝇乱飞。无可奈何之际，忽然大雨倾盆，苍蝇也不见了，终于可以安心吃饭，这难道不是让人快乐的事吗？第二快是讲十年不见的老友，忽然前来拜访，赶紧问妻子有没有酒钱，妻子把簪子取下交给自己，让去买酒，这难道不是让人快乐的事吗？夏天炎热吃不下饭，可见住房条件不怎么好；朋友来访，拿不出酒钱，只能用妻子的簪子去换，可见生活捉襟见肘，看上去金大才子的生活似乎并不如意。三十三则不亦快哉，大都是讲在不怎么快乐的场景中品味快乐。

“自古才命两相妨”，才华横溢往往也命运多舛。宋代大才子苏东坡一生沉浮顿挫，屡经挫折，他提出了人生十六件赏心乐事：清溪浅水行舟；微雨竹窗夜话；暑至临溪濯足；雨后登楼看山；柳阴堤畔闲行；花坞樽前微笑；隔江山寺闻钟；月下东邻吹箫；晨兴半炷茗香；午倦一方藤枕；开瓮勿逢陶谢；接客不着衣冠；乞得名花盛开；飞来家禽自语；客至汲泉烹茶；抚琴听者知音。这十六件乐事与文章无关，与官场无关，与功名无关，与荣辱无关。被官场泼了一身脏水后，苏学士依然能够在平常生活中找到人生的乐事，不由得让人佩服。

历经艰难乐境多。生活给了我们磨难，我们要从磨难中找到快乐。中国历史上不乏那些热爱生活、享受生活的“生活家”，比如孔子。孔子不仅好学，而且主张乐以忘忧——“知之者不如好之者，好之者不如乐之者”，他最快乐的事是带着学生去春游，去沂河里洗洗澡，在舞雩台上吹吹风，然后，一路吟唱着回家。“莫春者，春服既成，冠者五六人，童子六七人，浴乎沂，风乎舞雩，咏而归。”他是个美食家——“食不厌精，脍不厌细”；他收学生不要昂贵的学费，只要十条腊肉就可以——“自行束脩以上，吾未尝无诲焉”，这可能只是他的一句玩笑，也许他最爱吃腊肉；他“温良恭俭让”，有时也会训斥学生，比如骂宰予烂泥扶不上墙——“朽木不可雕也，粪土之墙不可圬也”。

我以为理想的生活也许是这样的：不过分乐观，也不过分悲观，而是达观地看待生活中的一切；可以追求功名利禄，但不为功名利禄所困；懂得世事多变，却也抱着美好生活的希望；看尽世态炎凉，仍然热情地生活着；经历人情冷暖，照旧与人为善；了解人生艰难，依然能在生活中找到快乐。

然而有快乐就会有痛苦，有痛苦而后有反思，有反思而后有求索，有求索而后有觉醒，有觉醒而后有通达，有通达而后有悲悯。

悲悯，悲的是天，悯的是人。天和人是一体的。中国传统文化讲究天人合一。所谓天人合一是本来为一，绝非意识想象而合。宇宙是大生命，生命是小宇宙。在中国古代的传统农业社会里，春耕秋收，离不开天地的蕴化，因此古人衣食住行、婚丧嫁娶，皆自观天象来定。人事与天地自然有很大的关系，所以，古代中国的天文气象之发达，已经形成了一套成熟完备的知识系统。例如节气就是古人在干支历表中根据一年中天文气象的变化确立的特定节令。二十四节气周行不殆，循环往复，揭示了气候变化的规律，并将天文、气候、自然变化和人事更替巧妙地结合在了一起，是世界非物质文化遗产，也是中国人对时间的表达方式。古人睹花木生灭之序，顺阴阳气机之变，成人事繁盛之业。天人合一，意味着天地宇宙和人事心意是一体的。“体上合一，用以分别。”这是中国人的生命观。

有什么比人的生命更重要的呢？生命是人从生到死的一段旅程。在这段旅程中，人要经历时间上的延续和空间上的转换。生命是悲喜，是荣辱，是舍得，是浮沉，是聚散，是成败，是离合，是生死。在时空变化中，人的这一段生命要经历种种高低起伏和春夏秋冬。但凡拥有灿烂文化的文明，对生命一定有独到的看法。孔子说：“逝者如斯夫！不舍昼夜。”老子说：“道生一，一生二，二生三，三生万物；万物负阴而抱阳，冲气以为和。”庄子最是活泼可爱，逍遥自在。庄子的妻子去世，他非但没有哭，反而在一旁敲着瓦盆唱歌。他说：妻子没来到这人世间之时，本来就没有生命，没有形体，如今又从活着走向死亡，这就和春夏秋冬四季交替运行一样，死去的她安然地躺在天地之间，这本就是生命的常理。轮到庄子自己要死的时候，他的弟子想要厚葬他，他制止说：我是要以天地作我的棺材，以日月作我的连璧，以星辰作我的珠玑。万物都为我送葬，我的葬仪是十分完备了。弟子说：我们恐怕老鹰会吃掉老师的身体。庄子说：在天上被老鹰吃，在地上被蝼蚁吃，夺取老鹰的食物送给蝼蚁，为什么这样偏心呢！

庄子说：知其无可奈何而安之若命，德之至也。生命中有许多无可奈何，面对生命中的事与愿违求而不得，安心接受它，就仿佛是命运的安排一样。庄子认为这是德的极致。庄子的生命观为我们提供了某种超越性。接受它，是要超越它。超越生命中的成败得失，超越生命中的荣辱起伏，乃至超越生命中的旦夕祸福。

生命有数宜体会，时光无长莫怠荒。中国传统文化里有着许多对于生活和生命的体会及领悟。例如香事，蕴含着中国人对于生活的品味，对于生命的体察；花道，意在静观花木，领悟人生；书法，是汉字的艺术，每一个汉字都仿佛是一个生命；太极，是内在生命的外化；中医，是中国人的生活之道，是生命能量的调节和调整……

文化的力量是无穷的，而且绵延不绝、长久不断。学习传统文化绝不是仅仅背背诗读读经而已，而需要系统地学习和理解数千年来中国人的观察方式与思维方式，再通过自己的实践来理解和体会，这才是真正知行合一地学习传统文化。日用而不知，传统文化也只有跟日常生活结合在一起，才能有经久不衰的生命力。

这套书聚焦传统文化，旨在写出中国人日常生活中的文化精神，取名文化传家，意在让传统文化通过中国人的核心单位——家，一代一代传递下去。

家国于心，人月两圆。家国情怀是中国传统文化中最朴素也是最深切的情感。生命在家庭中繁衍，生活在家庭中美满。从孝亲敬老、兴家乐业，走向济世救民、匡扶天下——这是中国传统文化的核心精神。家国同构，心怀天下。愿传统文化能够不断滋养我们的生活和生命，愿传统文化能够维系家国，惠及天下。

沈国麟

二〇二一年中秋于复旦燕园

制图/蔡嵩鳞

小寒，薰炉初爇蜡梅香

岳强

在岁时节气的民俗中，香俗、香礼仪、香文化犹如空气一般，日用而不觉其存在，但近年来却因日本三雅道中香道的流行，一提到香，往往首先会联想至香道。其实，日本香道源于中华香事，被奉为日本国宝的名香“兰奢待”，也是公元九世纪前后，由中国传到日本的。关于中华香事，可以谈的话题很多，今天是小寒节气，我们今年物候日志的主题，就从节气香事说起吧。

香之为用，甚广泛，既有在民俗中祭祀礼仪之用，又有日常薰衣净室避瘦驱虫之用，文人生活更是离不开香。明代周嘉胄在其著《香乘》中言：“香之为用，大矣哉。”《遵生八笺》中，高濂论香则曰：香之“幽黔者，物外高隐，坐语道德，焚之可以清心悦神。恬雅者，四更残月，兴味萧骚，焚之可以畅怀舒啸。温润者，晴窗拓帖，挥尘吟吟，篝灯夜读，焚以远辟睡魔，谓古伴月可也。佳丽者，红袖在侧，蜜语谈私，执手拥炉，焚以熏心热意，谓古助情可也。蕴藉者，坐雨闭关，午睡初足，就案学书，啜茗味淡，一炉初爇，香霭馥馥撩人，更宜醉筵醒客。高尚者，皓月清宵，冰弦戛指，长啸空楼，苍山极目，未残炉爇，香雾隐隐绕帘，又可祛邪辟秽。”不同的香料香品有其不同的香气香韵；在不同的场景下，使用不同的香器具时，各有其不同的用意和用途。香可谓无处不在，又低调到不为人所在意，而用香的技巧，则恰恰体现出用香者的身份、格调、修养与意趣，节气生活用香的常识岂可不知？

我的香学老师，江南传统文人香事非遗传承人吴清先生著作《廿四香笺》中，小寒节气用香为“蜡梅香”。2015年晨报物候日志专栏，我写的“节气花木”系列中，小寒节气应节之花《小寒，一缕寒香素心开》就是蜡梅，在此，关于蜡梅不再展开解释，大家有兴趣的话，可以网搜旧文一读。

用传统和香之法拟蜡梅的香气，据吴清先生《廿四香笺》载，只有北宋陈敬《陈氏香谱》中“蜡梅香”一方仅见。古诗中所形容蜡梅香韵如“蜜脾之甜，檀心之烈”，吴先生拟和的蜡梅香方中，以海南沉香30克为主香，拟蜡梅的蜜脾之甜香。再配以印度白檀香30克、印尼公丁香60克、印尼龙脑5克、麝香10克，丰富其香韵和穿透力。香方中，吴先生还增加了3克阿拉伯绿乳香以增香之清润。

蜡梅香丸的制作过程为：先将沉香、白檀、丁香、乳香、龙脑分别研末，后以生蜂蜜少许拌和上述香粉。麝香以研钵碾细后，与前述香泥同入捣臼，再略加少许蜂蜜捣和香泥使之和匀。捣杵香泥数百千次后，用勺挖出香泥，搓为梧桐子大小的香丸，无需窖藏即可薰爇。

香丸的用法有使用香碳埋灰加银叶或云母隔火的熏香法，也可直接焚烧，现在最方便的是使用电子熏香炉直接加热发香，有香氛，无烟熏，更加环保自然。

题图中的陶薰炉是1983年在上海青浦福泉山高台墓地出土的，距今约5100—4600年良渚时期陶质竹节纹带盖熏炉，经专家学者考证，这是目前存世最早的完整熏香器具，也可以说，有据可查的中华香文化源头在这里，我们就由此开始我们新一年的节气寻香之旅吧。

序一

闻香识时节

2021 年上海的秋天，来得迟了些。金秋十月，满城桂花飘香，走在洒满落叶的街道上，疫情起伏后的每一口呼吸，都让人珍惜。脱下口罩，不少人感慨，今年的桂花特别香。

《新闻晨报》的老同事岳强，来问我是否能为他的新书《岁时香事》写一些文字。他说，当年正是我的一个提议，他坚持写物候日志多年，也由此有了这本书。报人都是文字爱好者，能够体会每一个文字后的辛苦与不易。

说起报人两个字，于我是一份二十八年的职业体悟。报人生涯，最珍贵的是让你遇到很多人和事，哪怕匆匆，也是风景。其中，同事就是一份美好的相遇。岳强是其中一位我非常尊重的报人、新闻人。他加盟晨报团队时，上海报业正风起云涌。他是摄影记者出身，后来做了图片编辑、图片总监，从山东到上海，在上海安家立业。改革开放后，20 世纪 90 年代，上海的都市报崛起，上海的早报、晚报市场热闹了起来，吸引了全国的一批年轻人加入其中，追寻中国改革与开放的脚步，实现自己的新闻理想与专业价值。上海的开放与包容，吸纳了很多岳强这样的年轻人。

岳强作为晨报图片总监，当时有一个观点：视觉是为阅读服务的，不宜张扬。这与晨报作为新闻纸的调性是相符的。这跟他内敛的个人气质一脉相承。夜班之余，岳强热爱摄影，拍了不少让人看了意味深长的好照片。晨报当时作为上海报业新锐，以鲜活、实用的民生新闻立足早报市场，气候报道、环境报道开风气之先。有一次晚上值班，请岳强写了一篇节令的物候日志，获得报社内外好评。他由此拿起了笔，开始了一段上海气象变化的物候记录。当下的新闻，也是未来的历史。一个城市在大环境中与大时代、大气候如此息息相关，在每一个时节，有当下，有历史，有个人温凉，有物候变迁。岳强的每一篇物候日志，就是这样让我们穿越古今，感悟当下，期许未来。我们都是“地球公民”。晨报希望通过这些报道，展示自己的价值观和自然观。

这次看到的这本书，岳强精选了他后来专事学习和推广的中华传统香事，与中国传统文化、时令季节、当下生活相融，读来让人获得丰富的制香、赏香、香器、礼仪等知识，更可贵的是，他把香学的专业、深奥与新闻的实用、鲜活，通过时令，结合得恰到好处。譬如，小寒，节气用香“蜡梅香”，这与时令中大家闻梅探香如此合拍，古人对大自然的尊重和理解让人感慨，可谓“顺其自然”。

为岳强高兴，热爱文字的人，对书是有敬意的。在自己的工作中，找到自己的热爱，并且把新闻的文字，变成了一份时节的记忆，一个城市的记录，也是中国香文化的传承。

这个季节是有香味的，这个城市是有香味的，这本书，也是有香味的！

马笑虹

二〇二一年霜降于上报集团大厦

序二

香凝岁时味

如璨仁棣之《岁时香事》当缘起于十数年前，其时因采访事宜而结识，进以志趣相投而引为同道。闲暇时常相聚煎茶品香、谈故论艺，不觉学问亦得些许堪验，此亦是“游于艺”乎。

余于数年前撰《廿四香笺》小册子，漫谈古时四时香事，皆为日常所好，大抵以某节气用某香为佳，如端午则必佩戴香包，夏则燎沉香消暑，等等。而《岁时香事》通过梳理历代典志、笔记、文集、书信、诗词等典籍，将岁时民俗香事典故一一道来，尤于所载香方中香药之性味归经及诸功效研释颇深，此为香事养生之道也，亦本书之一大特色。

以香养生本来便是中华香事之传统，宋人好香者，多识草木香药，丁谓、苏轼、黄庭坚、陆游、范成大等皆此中通家。黄庭坚《宜州乙酉家乘》记录了他被谪广西宜州的晚景日常，其身体有恙时便自己开药治病，亦时常为宜州百姓“作草”。所谓“作草”便是根据诊断为人开药方治病，原本在江南富庶处黄庭坚并没有给人开方治病的习惯，然而在广西贫苦者众，忍不住施救病贫百姓，故于日记中感慨曰：“余住在江南，绝不为人作草，今来宜州求者无不可。”可知山谷老人深谙本草药性，精通岐黄。香药自古便是同源，黄庭坚好香知药便也不足为奇哉。故擅传统和香者，必须知晓本草香药。对宋代以来文人用香也产生了颇为深远之影响。

有谓香事乃闲时娱情之小道耳，其言差矣。苏轼《安国寺记》中载曰：“城南精舍曰安国寺，有茂林修竹，陂池亭榭。间一、二日辄往，焚香默坐，深自省察，则物我相忘，身心皆空，求罪垢所以生而不可得。一念清净，染污自落，表里翛然，无所附丽，私窃乐之。”“焚香默坐，深自省察，物我相忘，身心皆空，一念清净，染污自落。”东坡先生以此洗心涤虑，得参得空明澄澈之境。《大学》曰：“静而后能安，安而后能虑。”焚香习静，读书明理，以香养德，净化心灵，此即是中华香文化灵魂之所在也，亦文人香事之根本也。

嗟呼时光荏苒，与如璪结识于克壮，不觉皆已知天命矣。幸岁月尚静，读书之余乐于焚香品茶、浇花鼓琴诸般闲事，神以之悦、心以之清，所谓“散虑忘情”者，得闲事之益也。

明人周嘉胄《香乘》自序云：“余好睡嗜香，性习成癖，有生之乐在兹，遁世之情弥笃，每谓霜里佩黄金者不贵于枕上黑甜，马首拥红尘者不乐于炉中碧篆，香之为用大矣哉！”又谓，“通天集灵，祀先供圣，礼佛藉以导诚，祈仙因之升举，至返魂祛疫，辟邪飞气，功可回天，殊珍异物，累累征奇，岂惟幽窗破寂，绣阁助欢已耶？”

如璪之《岁时香事》功德亦大矣哉！

岁在辛丑小阳春 玄烟吴清记于沪西清禄书院

自序

香事缘起

香，气味之学，如日常呼吸空气一般。古人以馨香喻美德，屈子云：“纷吾既有此内美兮，又重之以修能。扈江离与辟芷兮，纫秋兰以为佩。”君子佩兰、佩玉、佩香囊，皆是以此喻德。美好的气味能令人愉悦，恶臭杂味会令人厌弃。日用焚香品香，则以其净化身心内外的空间。

香，又不仅仅是气味之学。制香、用香涉及的香料、器物、场景、仪式等，则广至中医药学、文博器物考辨、社会学等学科，在文人诸般雅玩中，可谓勘验学问、同气相求极为小众的逸趣之首。

在一衣带水的邻邦，将中华香、花、茶的文化仪式化、商业化，成为他们修养身心之道的同时，也成为他们文化输出的标签之一。当我们“仓廪实”之后，却要再礼失求诸野，香道、花道、茶道各种讲座、展会在都市中流行起来。目前社会上流行的香会雅集中，基本上是以和式器物为主。在各种影视剧涉及香花茶文化的镜头里，也是中日器物不辨不分……

2017 年，恩师玄烟吴清先生出版了《廿四香笺》，彼时我在《新闻晨报》的“物候日志”专栏正连载节气导引的主题，拜读恩师著作之后，就构思在合适的时候，以此书为脉络，将节气香事在媒体上做一个基础的普及推广，这就是今天这本《岁时香事》的缘起。

我从 2013 年开始，在《新闻晨报》“物候日志”专栏陆续连载节气文化专题，那时候，节气还没有申遗，没有今天这么热闹。2013、2014 这两年我系统介绍了节气的常识，后来每年一个主题，陆续写了节气花木、节气美食、节气导引、节气说文、节气说礼、节气香事，目前正在连载的是节气茶事。每一个节气文化的专题，就是一个传统文化中的子系统。所谓传统文化，其实就是一个传承体系，碎片化的学习与传播往往容易被误读，容易流俗鸡汤化。从节气入手，主题化切入的深入学习，对今天的学人而言，脉络清晰，是易学易懂的捷径，因为“天人合一”作为中国文化的核心精神，具象化而言，就是通过节气与人和万物之间的迁变规律所呈现，所以，千万别轻视了节气文化。

自 2016 年 11 月 30 日联合国教科文组织保护非物质文化遗产政府间委员会第十一届常会通过审议，批准中国申报的“二十四节气”列入联合国教科文组织人类非物质文化遗产代表作名录以来，节气主题的出版物多不胜数，本书的不同之处何在?

可以这样说，《岁时香事》是以中华传统香文化为主体，以阳历的节气顺序为脉络，并参以各节气相关的岁时令节，来回溯传统用香风俗、用香技巧以及香器具使用的简要说明，涉及了礼俗、器用、医药、日常起居、服饰、饮食等方面的内容。既然是关于传统文化方面的文本，则需要“言有所本，学有渊源”的系统完整文化传承，而不仅仅是当下流行的碎片化鸡汤或知识卡片。所以，在撰写《岁时香事》时，我坚持的原则是：言必有据，引经据典，避免误读。文中对传统香文化典籍的引用与参考，我是依照 “依文解意、训诂正义、消文会意、践行达意”的步骤来做取舍，必有适用之处，方作引用。在节气顺序上，本书采用了公历一年开始的节气顺序，如按“春夏秋冬”四时之序的话，应从立春开始；如以周历岁时节序上来说，应以冬至为岁首，这三者的顺序之别，是历法之别，其立基点也是不同的，在这里要特别说明一下。

“文化传家”系列丛书由沈国麟教授主编，旨在适应新时代国情，符合社会主义核心价值观，系统全面介绍中华传统文化日常风貌的通俗读物。计划经过五年左右的积累，形成一套较为完整系统，并且与当下生活联系紧密的传统文化启蒙通识读本。编选的标准是每册书选题不必太大，但要能够比较系统地呈现一个主题的完整风貌，并能运用于日常。在今天新媒体迭代迅速，微博、短视频风行，人们连看 15 秒以上的视频都难以忍受的时代，“文化传家”系列丛书的出版，显得格外有使命感与责任感。对于传统文化，继承是根基，创新是灵魂，没有根基立不住，没有灵魂不成活。中华传统香事亦复如是。真正能够传承和弘扬传统文化的方式，需要在扎扎实实的系统学习传承前提下推陈出新，而不是弃陈出新或者越陈出新，也就是说，新风貌里要有传统的法度和精神。法度体现涵养，精神表现才智。这在传统文人生活的细节里体现得淋漓尽致，而这正是沈国麟教授编选这套“文化传家”系列丛书的意义所在，也是我九年来在《新闻晨报》连载以节气为主题的“物候日志”专栏的初心所在。这种传统文本阅读方式更容易让读者沉浸其中、专注其中，前提是需要你的心静下来、慢下来。

本书很荣幸作为丛书第一辑的入选作品出版，作品的基本结构还是以最初在《新闻晨报》连载的文章为底本略加增补，时风与物候现象年年岁岁皆不同，文中物候描述为当时节气的时风，也是当时风物的记录，所以未做大的修改。本人学识所限，书中只是在岁时节令中的传统香事以粗线条做了概貌梳理，涉及古籍浩瀚，文中多有引用，若有错讹之处，祈方家批评指正，待以后有机缘时，再修补完善吧。

如瑹岳强辛丑霜降于沪喆学堂

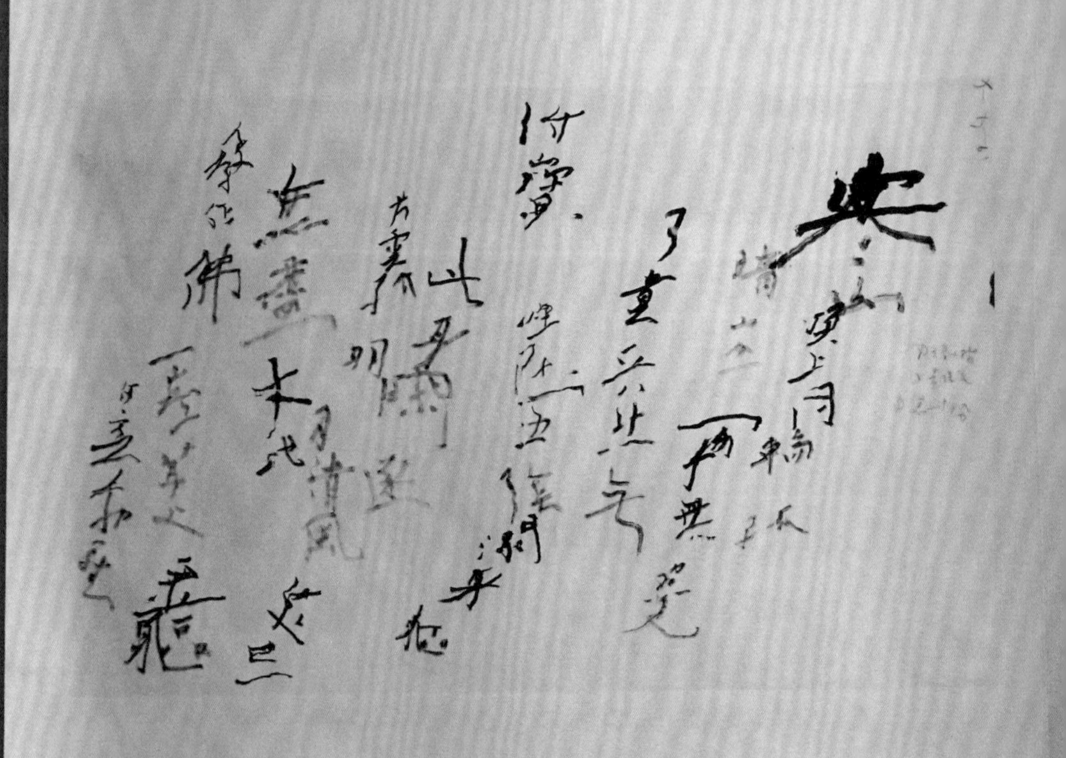

小寒·熏炉初爇蜡梅香

刚条簇簇陈蝇封，劲叶将零傲此冬。
磬口种奇英可嚼，檀心香烈蒂初镕。
根依阳地春风透，瓶倚晴窗日气浓。
一样黄昏疏影处，悬知水月不相容。

——宋·董嗣杲《蜡梅花》

在岁时节气的民俗中，香俗、香礼仪、香文化犹如空气一般，日用而不觉其存在。近年来，日本三雅道中的香道在都市中流行起来，一提到香，往往首先会联想至日本香道，而直接忽视了中华传统的香事文化。

其实，日本香道虽源于中华香事，但香道的确是由日本创造的品香艺术，在形式上与中华传统香事有着天壤之别。在香文化史上，中日香文化交流已有千余年历史，被奉为日本国宝的名香“兰奢待”，是公元 9 世纪前后由中国传到日本的。日本香道文化中所推崇的“香十德”，被附会为黄庭坚所作。对沉香的分类与命名也仿照丁谓《天香传》中的“四名十二状”而划分为“六国五味”等，可以说，中日香文化之间，至明清以来虽然已呈现出文化艺术形态上的差异，中华香事更生活化，日本香道更仪式化，但其根本上仍是以唐宋香文化为基础的分野。

关于中华香事，知道的人确已不太多，但可以谈的话题很多，如果以一年为周期来学习和了解中国香文化，“岁时香事”是一条时间脉络上的捷径。现在，人们都习惯了公历的历法纪年，我就随顺现在风俗，以每年公历第一个节气——季冬丑月之节“小寒”为始，品味中国人的香事四季。

“兰奢待”被誉为“日本第一名香”，在文献中的正式名称是黄熟香，为圣武天皇之遗物，系日本最大的沉香。长 156 厘米，最初重 13 千克，后被权贵以借为名盗取后重 11.6 千克，锥形。兰奢待香木的切口处贴有三张付签，分别写着足利义政、织田信长、明治天皇三位在“某年某月截取几寸几分”的记录。“兰奢待”内隐“东大寺”三字，被视为日本的国宝，现藏于日本奈良东大寺正仓院。正仓院为东大寺附属的藏宝库，主要收藏圣武天皇生前所收集的宝物，为现今收藏日本奈良时代重要文物的重地。

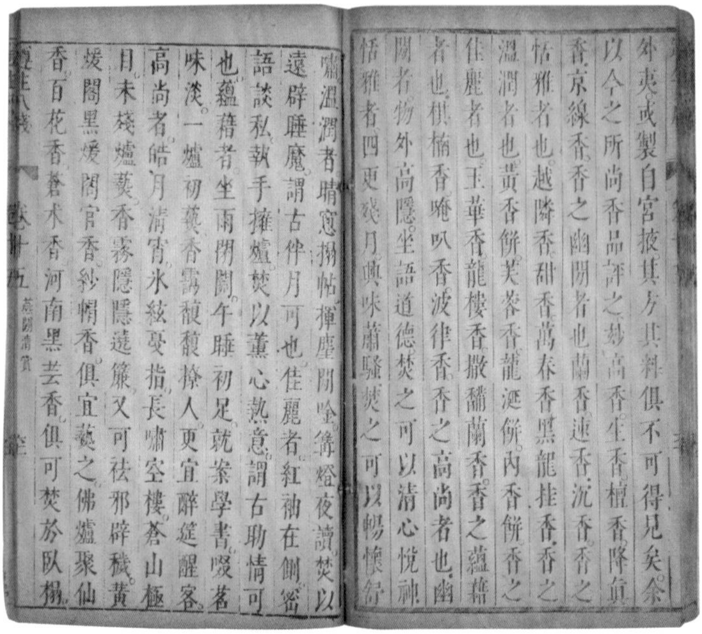
外夷或製自宮披其方其料俱不可得見矣余
以今之所尚香品評之妙高香生香檀香降眞
香京線香香之幽閒者也蘭香速香沉香香之
恬雅者也越隣香甜香萬春香黑龍挂香香之
溫潤者也黃香餅芙蓉香龍涎餅內香餅香之
佳麗者也玉華香龍樓香撒蘓蘭香香之蘊藉
者也棋楠香唵叭香波律香香之高尚者也幽
閒者物外高隱坐語道德焚之可以清心悅神
恬雅者四更殘月興味蕭騷焚之可以暢懷舒

嘯溫潤者晴窗搨帖揮塵閒吟篝燈夜讀焚以
遠辟睡魔謂古伴月可也佳麗者紅袖在側密
語談私執手擁爐焚以薰心熱意謂古助情可
也蘊藉者坐雨閉閣午睡初足就案學書啜茗
味淡一爐初爇香靄馥馥撩人更宜醉筵醒客
高尚者皓月清宵氷絃戛指長嘯空樓蒼山極
目未殘爐爇香霧隱隱遶簾又可祛邪辟穢黃
暖閣黑暖閣官香紗帽香俱宜爇之佛爐聚仙
香百花香蒼术香河南黑芸香俱可焚於臥榻

遵生八牋 卷廿五 燕閒清賞

《遵生八笺》明代高濂撰著，清钟惺校阅，清嘉庆十五年弦雪居重订本

香之为用，甚广泛，既有在民俗中祭祀礼仪之用，又有日常熏衣净室、辟疫驱虫之用，文人生活更是离不开香。明代文人周嘉胄在其著《香乘》中言：“香之为用，大矣哉。通天集灵，祀先供圣……”高濂在《遵生八笺》中论香曰，香之“幽閒者，物外高隐，坐语道德，焚之可以清心悦神。恬雅者，四更残月，兴味萧骚，焚之可以畅怀舒啸。温润者，晴窗拓帖，挥尘閒吟，篝灯夜读，焚以远辟睡魔，谓古伴月可也。佳丽者，红袖在侧，蜜语谈私，执手拥炉，焚以熏心热意，谓古助情可也。蕴藉者，坐雨闭窗，午睡初足，就案学书，啜茗味淡，一炉初爇，香霭馥馥撩人，更宜醉筵醒客。高尚者，皓月清宵，冰弦戛指，长啸空楼，苍山极目，未残炉爇，香雾隐隐绕帘，又可祛邪辟秽”。

不同的香料、香品有其不同的香气、香韵；在不同的岁时节令，不同的空间场景，使用不同的香器具时，各有其不同的用意和用途。香可谓无处不在，又低调到不为人所在意，而用香的技巧，则恰恰体现出用香者的身份、格调、

注：閒为闲之繁写，意为倚门望月之悠闲。

修养与意趣，节气生活用香的常识岂可不知？我的香学老师，江南传统文人香事非遗传承人吴清先生著作《廿四香笺》中，小寒节气用香为“蜡梅香”。

蜡梅开，小寒至。古人在二十四番花信风中，小寒三候是：一候梅花，二候山茶，三候水仙。这小寒之梅实际上指的是蜡梅，梅花花期要迟于蜡梅。《内经素问·六节藏象论》曰：“五日谓之候，三候谓之气，六气谓之时，四时谓之岁。”每年从小寒到谷雨这八个节气间共有二十四候，每候都有应时花卉绽放，便有“二十四番花信风”之说，所谓花信，其实就是春信，以花报春信。

明末清初文学家李渔以花为命，在《闲情偶寄》中道：“春以水仙、兰花为命，夏以莲为命，秋以海棠为命，冬以蜡梅为命。无此四花，是无命也。”蜡梅在清代陈淏之《花镜》卷三花木类考载：“蜡梅俗作腊梅，一名黄梅。本非梅类，因其与梅同放，其香又相近，色似蜜腊，且腊月开，故有是名。”蜡梅农历十月即可开花，故称早梅。花开之时枝干枯瘦，又名干枝梅。蜡梅中最名贵的品种是素心蜡梅，花被纯黄，有浓香，甚清冽。宋代诗人陆游在《荀秀才送蜡梅十枝奇甚为赋此诗》中云：“与梅同谱又同时，我为评香似更奇。痛饮便判千日醉，清狂顿减十年衰。色疑初割蜂脾蜜，影欲平欺鹤膝枝。插向宝壶犹未称，

上：素心蜡梅；下：九英蜡梅

合将金屋贮幽姿。”

可惜的是，现在常见的蜡梅品种多为狗牙梅，其花瓣尖而形较小，香气淡，因其花九出，又称九英梅。以诸香药和香拟蜡梅之香气，留住这清奇之韵味，成为文人的冬令雅趣之一。

用传统和香之法拟蜡梅的香气，据吴清先生《廿四香笺》载，在北宋陈敬《陈氏香谱》中“蜡梅香”一方仅见。古诗中所形容蜡梅香韵如“蜜脾之甜，檀心之烈”，吴先生拟和的蜡梅香方中，以海南沉香 30 克为主香，拟蜡梅的蜜脾之甜香。辅以印度白檀香 30 克，以增香气之浓郁。以印尼公丁香 60 克、印尼龙脑 5 克、麝香 10 克，丰富其香韵和穿透力。香方中，吴先生还增加了 3 克阿拉伯绿乳香以增香之清润。

这里特别要提一下此香方中的白檀，又称为旃檀，为檀香科植物檀香 Santalum album L. 树干的干燥心材，是中国传统四大名香“沉檀脑麝”之一。周嘉胄《香乘》“檀香”条中，引叶廷珪《香录》曰，檀香“出三佛齐国，气清劲而易泄，爇之能夺众香。皮在而色黄者谓之黄檀，皮腐而色紫者谓之紫檀，气味大率相类，而紫者差胜。其轻而脆者谓之沙檀，药中多用之”。在“旃檀”条目中，则写道：“楞严经云，白檀涂身能除一切热恼。今西南诸蕃酋皆用诸香涂身，取其义也。檀香出海外诸国，及滇粤诸地，树即今之檀木，益因彼方

旃檀

阳盛燠烈，钟地气得香耳。其所谓紫檀，即黄白檀香中色紫者称之，（但）今之紫檀即《格古论》所云器料具耳。”这两段话中，透露很重要的一个信息是，香中的白檀、黄檀、紫檀仅仅是指檀香中的品级差异，也就是说，都是檀香，因木色差异与气味差异而命名，并非是木器家具所用的黄檀、紫檀。

蜡梅香丸的制作过程为：先将沉香、白檀、丁香、乳香、龙脑分别研末，后以生蜂蜜少许拌和上述香粉。麝香以专用研钵碾细后，与前述香泥同入捣臼，再略加少许蜂蜜捣和香泥使之和匀。捣杵香泥数百千次后，用勺挖出香泥，搓为梧桐子大小的香丸，无须窖藏即可熏爇。此方是以生蜜做黏合剂，贮藏不当易生霉，所以不宜久贮，少量制作后及时使用为佳。

香丸是古人主要的日常用香方式。其用法有使用香炭埋灰加银叶或云母隔火的炷香丸法，也可直接置于炭火上的焚香丸法。现在最方便的是使用电子熏香炉直接加热发香，有香氛，无烟熏，更加环保自然。当香丸的气味变淡后，可稍稍蘸水再用，一粒香丸一般可连续使用一周左右，直至其气味散尽，再以炭火入炉直接焚烧香丸成灰。

炷香丸

大寒·辞旧迎新满室香

腊酒自盈樽，金炉兽炭温。
大寒宜近火，无事莫开门。
冬与春交替，星周月讵存？
明朝换新律，梅柳待阳春。

——唐·元稹《咏廿四气诗·大寒十二月中》

民谚道："小寒大寒，不久是年。"大寒是季冬丑月中气，既是冬令六气的最后一气，又是冬令最冷时节，不久将迎来一年中最重要的节日——春节。节气大寒十五天后，将迎来春令首个节气，新岁立春。

在民间，大寒节气期间的民俗活动特别多。腊月十六尾牙，生意人要祭拜土地，宴赏员工，宴席上必有两道菜：一是"润饼"，就是春卷；再是白斩鸡，据说鸡头冲谁，来年这位员工就要另谋高就了，所以，一般席上的白斩鸡都会去掉鸡头，让员工们安心过年。

北方腊月二十三小年，江南腊月二十四小年，是祭灶日，要清扫宅舍，以麦芽糖祭灶。宋代文人范成大的《祭灶词》生动描绘了当时祭灶的风貌："古传腊月二十四，灶君朝天欲言事。云车风马小留连，家有杯盘丰典祀。猪头烂热双鱼鲜，豆沙甘松粉饵团。男儿酌献女儿避，酹酒烧钱灶君喜。婢子斗争君莫闻，猫犬角秽君莫嗔。送君醉饱登天门，杓长杓短勿复云，乞取利市归来分。"

清代剧作家孔尚任编著的《节序同风录》一书中记载了孔府在春节到来之前，辞旧迎新之际，各种场合的用香风俗。首先，中腊时医家会做被称为"腊药"的香囊分赠邻里各家。腊药是以辟瘟丹、屠苏散、八神丸、苍术、商陆等药材装入绛囊中，佩戴在身上可预防流行疾疫。绛囊即紫红色的布囊，在民间常以这样的绛囊来装盛避瘟丹等驱邪避疫的香药和符咒。

腊月二十四称下腊，家里要削松木小片溶硫黄涂尖，用以发焰，便于点燃香灯之用，古名"发烛"，别称"引光奴"。

腊月三十即除夕，供大鼎，焚福禄寿盘香各一日。立铁香架于庭西北，焚香一月，曰"天香"，其香，一日夜乃尽一条。削柏木，红心一条，束以红纸，供中堂，曰"镇宅香"。堂中安竹炉，烧兽碳、凤碳、榾柮碳，焚苍术、商陆及饼香、棒香、枫芸诸香。

传统岁时节庆礼仪中的焚香器具是很讲究的。“大鼎”为鼎式炉，前文所言的“福禄寿盘香”应为用印香盘拓印香粉做的香篆。焚一日乃尽一条的“天香”当似现在南粤寺庙中所悬挂焚燃的24小时盘香。所谓“镇宅香”，是柏木的树心，如清供般摆放陈设之物。竹炉所烧的“兽碳、凤碳、榾柮碳”即《香乘》卷二十中所载之香煤，以模具压制成瑞兽、凤鸟等形状，焚烧时无烟，并可耐久，红彤彤的炉膛里如一只只火中瑞兽和涅槃凤凰，投入香丸香饼，满室暖香，品香赏炉，亦是除夕围炉的赏心乐事。

在传统用香礼俗中，不同季节、不同场合、不同礼仪，焚香用的香器具与香品也不相同。祭祀用鼎炉，熏衣用熏笼，弹琴用琴炉，行香用行炉，夏令用瓷炉，暖帐用暖炉，佩香用香囊……器物选择还要考虑与环境、家具、衣着饰物相协调，这些都能体现出用家的品位、格调和修养。

明•铜鎏金弦纹双耳三足鼎式炉，附配红木卷草纹如意盖，南红玛瑙灵芝形炉顶，红木漩玑形座（清禄书院 藏）

上图这幅清乾隆年间缂丝《炉瓶三事》，图中所绘内容是自宋元以来中华传统用香的基本工具：香炉一只、香合一只、筯瓶一只（筯即箸，中华香事中通常以筯字为主。），内置香筯一副和香匙一支，这一组合已成为中华香器具的代名词，也是明清以来厅堂书房中必不可少的陈设之一，更是中华传统香事文化与其他国家的香文化不同的特征之一。

系统论述中华传统香事器具规范的文章，首推明太祖朱元璋第十七子宁献王朱权著《焚香七要》，文中对香炉、香合、炉灰、香碳墼、隔火砂片、灵灰、匙筯这七件焚香必备器具的制备和使用，一一做了详细说明，并被收录于高濂《遵生八笺》中，与文震亨《长物志》、屠隆《考槃馀事》、王沂《青烟录》中有关香事器具的条目，成为中国传统文人用香器具的基本规范。

在焚香所需七件器物中，香炉"以宣铜、潘铜、彝炉、乳炉，如茶杯式大者，终日可用"。文震亨在《长物志》卷七"器具·香炉"条目中，以文人的眼光择炉，认为"三代、秦、汉鼎彝，及官、哥、定窑、龙泉、宣窑，皆以备赏鉴，非日用所宜。惟宣铜彝炉稍大者，最为适用；宋姜铸亦可，惟不可用神炉、太乙，及鎏金白铜双鱼、象鬲之类。尤忌云间、潘铜、胡铜所铸八吉祥、倭景、百钉诸俗式，及新制建窑、五色花窑等炉。又古青绿博山亦可间用。木鼎可置山中，石鼎惟以供佛，余具不入品。古人鼎彝，俱有底盖，今人以木为之，乌木者最上，紫檀、花梨俱可，忌菱花、葵花诸俗式。炉顶以宋玉帽顶及角端、海兽诸样，随炉大小配之，玛瑙、水晶之属，旧者亦可用”。在卷十“位置·置炉”条目中又写道：“于日坐几上置倭台几方大者一，上置炉一；香合大者一，置生、熟香；小者二，置沉香、香饼之类；箸瓶一。斋中不可用二炉，不可置于挨画桌上，及瓶合队列。夏月宜用瓷炉，冬月用铜炉。”在香炉器形上，中式品香用炉多以高颈鬲式炉为主，日式则以杯式炉（或称奁式炉、樽式炉）为主。陈设则鼎、彝、鬲、斝、簋、樽、豆等式均可。

香合，即香盒，在明代香事古籍中多写为“香合”，日本香道文献亦沿用“香合”这样的写法。《焚香七要》云：“用剔红蔗段锡胎者，以盛黄黑香饼。法制香磁合，用定窑或饶窑者，以盛芙蓉、万春、甜香。倭香合三子五子者，用以盛沉速兰香、棋楠等香。外此香撞亦可。若游行，惟倭撞带之甚佳。”《长物志》卷七“器具·香合”条目更详细写道：“以宋剔合色如珊瑚者为上，古有一剑环、二花草、三人物之说，又有五色漆胎，刻法深浅，随妆露色，如红花绿叶、黄心黑石者次之。有倭合三子、五子者，有倭铜撞金银片者，有果园厂，大小两种，底盖各置一厂，花色不等，故以一合为贵。有内府填漆合，俱可用。小者有定窑、饶窑蔗段、串铃二式、余不入品。尤忌描金及书金字，徽人剔漆并瓷合，即宣成、嘉隆等窑，俱不可用。”上文中的宋剔即宋代剔红工艺漆器香合，果园厂指明永乐年间官

（左起）仿宋吉州窑鬲式炉；仿汝窑鬲式品香炉；日本萨摩烧奁式炉

（左起）明•乌木竖葵纹短颈细孔香箸瓶；明•铜细长颈素纹香箸瓶；元末明初•铜细颈贯耳香箸瓶；明•铜嵌银丝兽面纹短颈小口香箸瓶（清禄书院 藏）

制漆器之处，饶窑即当时景德镇窑之别称，蔗段与串铃是香合形制，宣成、嘉隆为年号。香合一般是以漆器、瓷器为主，忌用铜制品，因其会有铜臭而影响香品气味，传世铜香合一般合内皆镏金。明代屠隆著《考槃馀事》卷三“香笺・香合”条目中提道：“有倭撞可携游，必须子口紧密，不泄香气方妙。”倭撞即日式提盒。清代王䜣著《青烟录》卷七“香盒”条目补充道：“余谓香盒小，物细，故不必过求。然不可不蓄数枚，随时充用。如寻常饼炷，则用雕漆、文竹、花梨、紫檀等制可也。亦朴亦雅，不易损坏。至香有宜湿烧者，必宜玉盒、瓷盒贮之，方可养其滋润，量力备储，期以式雅为主。”这一段实为用家心得，文中的“文竹”即竹刻香盒。

匙箸，《焚香七要》云：“匙箸惟南都白铜制者适用，制佳。瓶用吴中近制短颈细孔者，插箸下重不仆，似得用耳。余斋中有古铜双耳小壶，用之为瓶，甚有受用。磁者如官哥定窑虽多，而日用不宜。”此条实际上涉及了箸瓶与匙、箸三件器物，其中箸瓶以古铜瓶为首选，

（自上而下）南宋•剔犀剑环纹香合；元•剔红菊花纹圆香合；明•剔红锦地纹婴戏图圆香合；清•黑漆嵌螺山水人物香合（清禄书院 藏）

瓷则不宜日用。筯瓶的尺寸不宜高，以 7~11 厘米束口细颈瓶为佳。瓶中插一把香匙可做灰压或香铲，一副香筯（就是筷子）。日本香道流传至中国，“香筯”被误读为“香筋”，估计可能与当时刻本在日本传抄过程中讹写有关。匙筯在筯瓶中摆放的原则是要紧束，借用中式插花的原则“起把宜紧，瓶口宜清”，方显清爽规矩。在《长物志》卷七“器具”中，将匙筯与筯瓶分列了两条：“匙筯紫铜者佳，云间胡文明及南都白铜者亦可用，忌用金银，及长大填花诸式。”“筯瓶，官哥定窑者虽佳，不宜日用，吴中近制短颈细孔者，插筯下重不仆，铜者不入品。”《陈氏香谱》卷三“香匙”条曰：“平灰置火则必用圆者，分香抄末则必用锐者。”“香筯”条写道：“和香、取香，总宜用筯。”现在特别要注意的是，不能用喂养蟋蟀的粪铲与铜勺这类饲虫工具司香，毕竟香器具属于礼器，岂能与饲养秋虫蟋蟀的粪铲铜勺混淆呢?

铜匙筯

炉灰，“以纸钱灰一斗，加石灰二升，水和成团，入大灶中烧红，取出，又研绝细，入炉用之，则火不灭。忌以杂火恶炭入灰，炭杂则灰死，不灵，入火一盖即灭。有好奇者，用茄蒂烧灰等说，太过”。

灵灰，“炉灰终日焚之则灵，若十日不用则灰润。如遇梅月，则灰湿而灭火。先须以别炭入炉暖灰一二次，

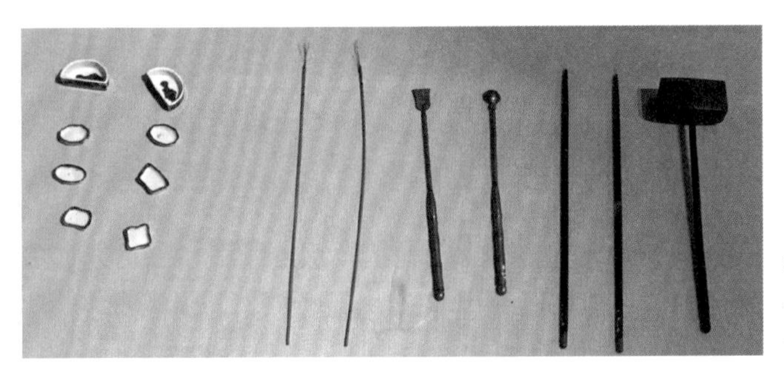

北京首都博物馆陈列展示的饲养蟋蟀的工具（陈考拉 摄）

方入香炭墼，则火在灰中不灭，可久”。以上两条强调了香炉用灰的炼制与日常使用的原则。炉灰以细洁白燥为佳，并需日常养护，因炉灰易吸附香气，需一炉一灰专侍一香，这如嗜茶者一壶专侍一茶一个道理。在《香乘》卷二十“香属·制香灰”条目下录有十二条香灰制备与使用的经验：“其一，细叶杉木枝烧灰，用火一二块养之经宿，罗过装炉。其二，每秋间，采松须曝干，烧灰用养香饼。其三，未化石灰搥碎罗过，锅内炒令红，候冷又研又罗，一再为之作养，炉灰洁白可爱，日夜常以火一块养之，仍须用盖，落尘埃则黑矣。其四，矿灰六分，炉灰四分，和匀，大火养灰焚炷香。其五，蒲烧灰装炉如雪。其六，纸石灰、杉木灰各等分，以米汤同和煅过用。其七，头青、朱红、黑煤、土黄各等分，杂于纸中装炉，名锦灰。其八，纸灰炒通红罗过，或稻梁烧灰皆可用。其九，干松花烧灰装香炉最洁。其十，茄灰亦可藏火，火久不息。十一，蜀葵枯时烧灰妙。十二，炉灰松则养火久，实则退，今唯用千张纸灰最妙，炉中昼夜火不绝，灰每月一易，（甚）佳，（其）他无需也。”

香炭墼，“以鸡骨炭碾为末，入葵叶或葵花，少加糯米粥汤和之，以大小铁塑捶击成饼，以坚为贵，烧之可久。或以红花楂代葵花叶，或烂枣入石灰和炭造者，亦妙”。此为品香用的香炭制作方法，在历代香事典籍中还录有部分“香煤”方，与此香炭的差异在于，此炭本身并不发香，香煤则自身燃烧中会发香，亦称为香饼。

隔火砂片，“烧香取味，不在取烟。香烟若烈，则香味漫然，顷刻而灭。取味则味幽，香馥可久不散，须用隔火。有以银钱明瓦片为之者，俱俗，不佳，且热甚，不能隔火。惟用玉片为美，亦不及京师烧破沙锅底，用以磨片，厚半分，隔火焚香，妙绝。烧透炭墼，入炉，以炉灰拨开，仅埋其半，不可便以灰拥炭火。先以生香焚之，谓之发香，欲其炭墼因香爇不灭故耳。香焚成火，方以箸埋炭墼，四面攒拥，上盖以灰，厚五分，以火之大小消息，灰上加片，片上加香，则香味隐隐而发，然须以箸四围直搠数十眼，以通火气周转，炭方不灭。香味烈，则火大矣，又须取起砂片，加灰再焚。其香尽，余块用瓦盒收起，可投入火盆中，熏焙衣被”。文中提到的隔火砂片是以烧坏的砂锅片磨制成薄片作为品香隔火而用，现在多以金属或云母作为隔火。《长物志》卷七“器具·隔火”条目写道：“炉中不可断火，即不焚香，使其长温，方有意趣，且灰燥易燃，谓之活火。隔火，砂片第一，定（窑瓷）片次之，玉片又次之，金银不可用。”刘良佑先生一脉传承的文人香事，则是纯以堆灰控制火温隔火煎香品香，对司香技术的要求更高。

以上七件物品即中华传统香事中的基本器具，“烧香取味，不在取烟”，传统用香方式在美化环境气氛、提升生活品质方面，从器物之美到气味之美，是可以体现鲜明个性的完整文化形态。《红楼梦》第五十三回中写道：“这里贾母花厅上摆了十来席酒，每席旁边设一几，几上设炉瓶三事，焚着御赐百合宫香。”江南传统文人香事非遗传承人吴清先生的专著《炉瓶三事》中，将历代传世古画、雕刻等艺术品中涉及炉瓶三事的视觉元素做了详尽的归纳、整理和汇集。刘良佑先生所著《香学会典》中，按历史年代的顺序绘制了历代香炉图谱，这些都是研习传统中华香事文化的宝贵资料。所谓传统文化，必须强调“传承有序，言必有据”，无论是学理、器物与仪范，皆应在恪守传承的前提下推陈出新，而非无视传统的弃陈出新。

辞旧迎新之际，家里除了油烟味、烟火味，不妨以中华传统香器具，在居室中营造点中国人的香气，如此过年，你的家会与众不同。

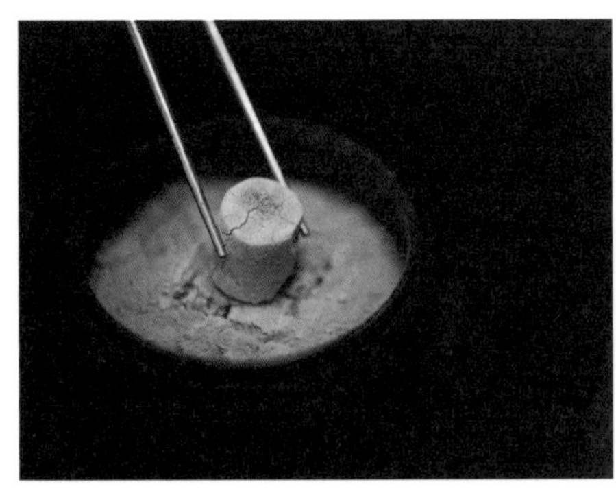

左为香炭入灰，右为隔火砂片（吴兆丰 摄）

立春·香药两宜品和香

韭苗香煮饼，野老不知春。
看镜道如咫，倚楼梅照人。
——宋·黄庭坚《立春》

清·铜鋄金银龙纹出戟三足斝式炉

在大寒节气一章，我写到了中腊的腊药辟瘟丹，有人问这个辟瘟丹也是香吗？是的，是香药。在中国传统用香方式里，很多香料本身就取自中药材，此即所谓“香药同源”。在中国古代，和香是最重要的日用之香，而不是现在人们通常以为的沉香、檀香这样单一香料的香品。古籍文献中记载的最早和香方——东汉“建宁宫中香”，距今已有一千八百多年。在节气立春之时，我们就聊一下关于节气香事中的立春和香方。

立春是孟春寅月之节，春令六气之首，也是现行历法的干支岁时之首。传统“春节”的本意是立春之节。比方说，2020 年的立春节气当天，万年历上的年柱干支才由“己亥”换成“庚子”，也就是说，从立春这一刻起，才真正进入庚子鼠年。

立春与春节的用香风俗，在孔子六十四代孙，清初诗人、戏曲家孔尚任所著《节序同风录》中记载，自农历正月初一起，会将苍术、川芎、甘松、香附等药碾细后，以枣肉黏合为芡实大小的丸子用以焚烧，称辟瘟丹。北京大学医学出版社出版的《清宫配方集成》中有一个简单易和的清太医院辟瘟香方：“乳香、南苍术、北细辛、生甘草、川芎、降真香，以上各一两，另方加白檀香一两。共为细末，枣肉为丸，如芡实大。凡遇风寒暑湿等四气不正，瘟疫流行，宜常焚烧此香，可以辟瘟。空室久无人住，积湿容易侵人，预制此香烧之，可除秽避害。”

中国中医药出版社出版的中医药行业高等教育创新教材《中医香疗学》中，

在描述芳香药物作用时，引用《理瀹骈文》道：香药可“率领群药开结行滞，直达病所，俾令攻决，无不如志，一归于气血流通，而病自已”。香方中的乳香，香辛走散，归经心、肝、脾经，以散血排脓、通气化滞为其功。南苍术又称“茅山苍术”，其特征是断面有朱砂点，以江苏茅山为道地产区，其性温而燥，芳香辟秽，最能驱除秽浊恶气，以辛烈逐邪见功。北细辛性温，气盛而味烈，能疏散风邪，故善开结气，祛风散寒，通窍止痛，宣泄郁滞，通利耳目，旁达百骸，无微不至。甘草味甘性平，归心、肺、脾、胃经，补脾益气，清热解毒，祛痰止咳，调和诸药，生用凉而泻火，主散表邪，可缓解药物毒性、烈性。川芎味辛，性温，归肝、胆、心包经。其性善散，上行头目，下调经水，中开郁结，血中气药，行气开郁；祛风止痛，以其入心而散火邪。降真香味甘，性平，入肝、脾经，《本草经疏》称其为“香中之清烈者也，故能辟一切恶气”。

和香也遵循四气五味“君臣佐使”的配伍法则，由多种香药按不同比例配方修和炮炙，使香药性味和谐，形成具有独特气味个性和功能价值的熏香作品，所谓“君”就是香之主调，“臣”为强化、厚实香韵之用，“佐”为平衡融合之效，“使”为提香远播之功。香方中的香药，分别在提香、凝香、聚香、飘香、留香上各司其职，使清芬远播并留香持久，这是中国传统用香方式成熟的标志，历史上各香家均有其独门的修和技巧，成为不传之秘。

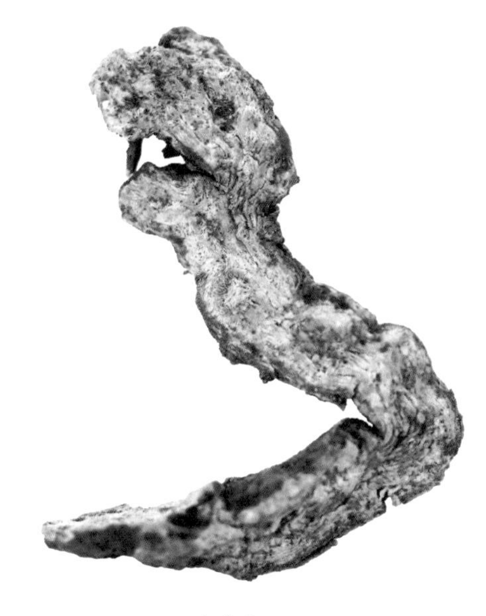
南苍术

目前已知关于和香最早的著作，是由南朝史学家范晔所著《和香方》，可惜此书早已亡佚，《隋书·经籍志》中录有《和香方》序中内容，言简意赅地总结了部分香药使用的基本原则：“麝本多忌，过分必害。沉实易和，盈斤无伤。零藿虚燥，蒼糖黏湿。甘松、苏合、安息、郁金、捺多和罗之属，并被珍于外国，无取于中土。又枣膏昏蒙，甲煎浅俗，非惟无助于馨烈，乃当弥增于尤疾也……”其大意是，在和香中使用麝香时有很多禁忌，用多了必会有害；沉香则易于调和众香，哪怕用量过斤也于香无伤。零陵香、藿香偏燥，蒼糖香黏湿，使用时皆须谨慎。而甘松、苏合、安息、郁金、捺多、和罗这些香药皆产自外国。另外，枣膏闷盹昏蒙，甲煎之味浅俗，不仅无助于提升香气的浓烈度，反而会影响香气的格调与氛围。

关于和香的原则，明代学人周嘉胄在其著《香乘》中概括道：“合香之法，贵于使众香咸为一体。比其性，等其物，而高下之，如医者之用药，使气味各不相掩。”这里要留意，“和香”与“合香”音同意不同，和为结果，强调和谐；合为过程，强调融合。王䜣《青烟录》卷七“合香”条目写道：“凡合香，须选风日晴霁之晨，先须斋肃神志，如对神明，然后扫除斋榻，整齐洁净，次将所蓄香品一一检点过目，乃遵法研制耳。然又须于古法中，一一参以己见，增减出入，妙合物理，间得新解，而不失常经，方是儒素静业。”王䜣从精神修养的层面对合香过程与理路做了概要总结。合香，看似简单，实为陶冶精神气质的气味艺术创作，与书法一样，是烙印着民族文化精神的气味艺术作品。

在这个清中期剔红“喜上梅梢”香盒中盛放

清中期剔红“喜上梅梢”香盒中存放的“梅花香”香丸

的就是寅月立春之节的应节和香“梅花香”香丸。“插枝梅花便过年”是扬州八怪之一的郑板桥在其《寒梅图》上的题句，古人将梅、兰、竹、菊誉为花之君子，文人将其比德入画，并以其喻春夏秋冬四时和人生之四季，取意元亨利贞四季吉祥。其中，梅花有四德五福，《佩文斋广群芳谱》卷二十二引《潜确居类书》称梅“初生蕊为元，开花为亨，结子为利，成熟为贞”是为四德，表四季平安之意。梅开五瓣，象征长寿、富贵、康宁、好德、善终五福，被视为传春报喜的吉祥之花。梅花的香气亦为历代香家所仿拟，仅宋《陈氏香谱》中就有数十个与梅花相关的香方。香方中所用香药大致相似，多以沉香、丁香、甘松、龙脑为主，在此略辑常用梅花香方，供有兴趣的香友参考，不妨在新春长假期间，翻翻古香谱，试着做一款梅花和香吧。

附：辑古梅花香方选

（《香乘》卷十八 明•周嘉胄 撰）

佩香方：梅花香

丁香一两，藿香一两，甘松一两，檀香一两，丁皮半两，牡丹皮半两，零陵二两，辛夷半两，龙脑一钱。

上述香药为末和匀，入香囊佩戴。

香丸方：梅花香

甘松一两，零陵香一两，檀香半两，茴香半两，丁香一百枚，龙脑少许另研。

上述香药研为细末，以炼蜜合和，干湿皆可熏焚。

香丸方：梅花香二

丁香枝杖一两，零陵香一两，白茅香一两，甘松一两，白檀一两，白梅末二钱，杏仁十五个，丁香三钱，白蜜半觔。

上述香药研为细末，以炼蜜合和，窖藏（可以冰箱冷藏）窨七日则可熏焚。

香饼方：梅花香（武冈公库香方）

沉香五钱，檀香五钱，丁香五钱，丁香皮五钱，麝香少许，龙脑少许。

上述香药中的龙脑、麝香二味需专用研钵细研，再加入杉木炭煤粉二两，与其他香药末和匀，炼白蜜合和，杵匀后入香饼模具压型，放密封瓷瓶中窖藏，窨久愈佳，以隔火熏香的方式熏焚。

梅英香一

拣丁香三钱，白梅末三钱，零陵香叶二钱，木香一钱，甘松五分。

上述香药研为细末，炼蜜合剂为饼，窨半月后，即可熏焚。

梅英香二

沉香三两剉末，丁香四两，龙脑七钱另研，苏合油二钱，甲香二钱制，硝石末一钱。

上述香药研为细末，再入乌香末一钱，炼蜜和匀，丸如芡实大，窨藏半月后可焚。

笑梅香一

榅桲两个，檀香五钱，沉香三钱，金颜香四钱，麝香一钱。

将榅桲割破项子，以小刀剔去瓤并子，将沉香、檀香研为极细末，放入于内，将原割下项子盖着，以麻缕缚定，用生面一块裹榅桲在内，慢灰火烧黄熟为度，去面不用，取榅桲研为膏，别将麝香、金颜香研极细，入膏内相和捣匀，雕花印脱为饼，阴干即可烧之。

笑梅香二

沉香一两，乌梅一两，芎藭一两，甘松一两，檀香五钱。

上述香药共研为末，入脑麝少许，蜜和，瓷盒内窨半月，旋取烧之。

淡梅香

丁香百粒，茴香一捻，檀香二两，甘松二两，零陵香二两，脑麝各少许。

共研为细末，炼蜜作剂，爇之。

雨水・焚香听雨舒幽情

狂吟乱舞双白鹤，霜翎玉羽纷纷落。
空庭向晚春雨微，却敛寒香抱瑶萼。
——唐・李群玉《二辛夷》

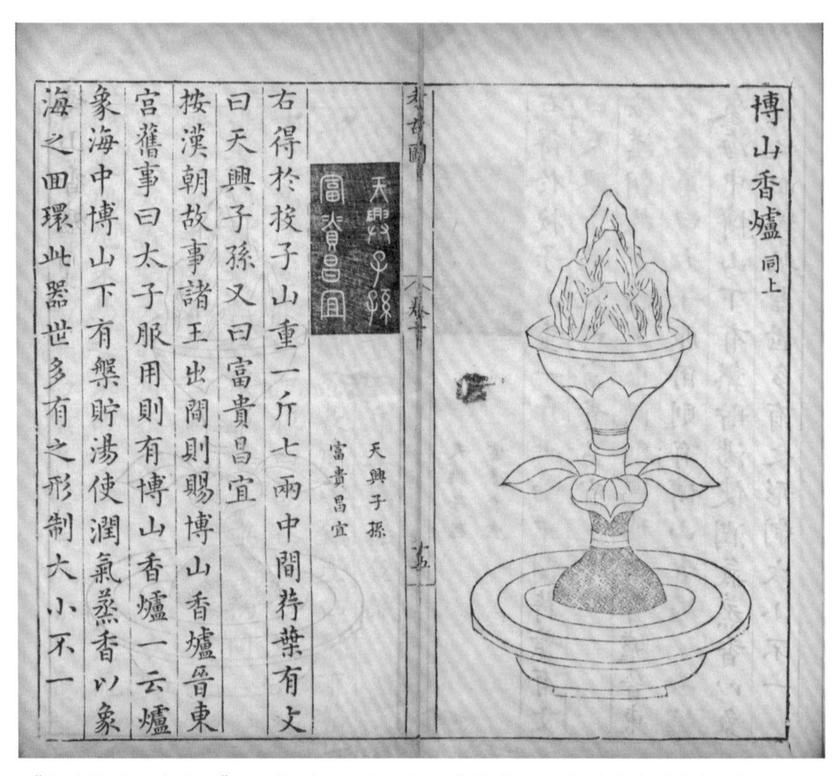

博山香爐 同上

右得於投子山重一斤七兩中間荇葉有文曰天興子孫又曰富貴昌宜

天興子孫 富貴昌宜

按漢朝故事諸王出閣則賜博山香爐晉東宮舊事曰太子服用則有博山香爐一云爐象海中博山下有槃貯湯使潤氣蒸香以象海之四環此器世多有之形制大小不一

《亦政堂重修考古图》10卷，宋•吕大临撰，清乾隆十七年黄氏亦政堂校刊本

西汉•骑兽人物博山炉（河北满城西汉中山靖王刘胜墓出土）

唐•绿釉龙柄博山炉（西安市长安区北塬出土）

“语君白日飞升法，正在焚香听雨中。”这是宋代诗人陆游的《即事》诗中两句，几乎成为当下香文化爱好者的口头禅。雨水节气正是焚香听雨的好辰光。

雨水为孟春寅月中气，标志着新岁降雨的开始，民谚说“春雨贵如油”，节气雨水期间一般降雨不会太多，雨量也不会太大。

焚香听雨不仅是文人香友的雅兴，雨水的湿气，对香韵的表现也确有润香、留香的作用。因为香气挥发依赖空气的流动，空气的湿度则对改善香气中的烟焦味，润化香韵非常有效。就像咖啡的味道在 85℃的温度时品饮最佳，熏香最适宜的温度在 23℃ ~25℃，湿度是 75%~85% 之间。

明代松江文人陈继儒在《小窗幽记》卷七中道：“焚香啜茗，自是吴中习气，雨窗却不可少。”宋代学者吕大临在《考古图》中述博山炉：“炉像海中博山，下有盘贮汤，使润气蒸香，以象海之回环。”博山炉的用法，便是在炉下盛盘中添加热汤，以此人工增加湿度，这一汉代熏炉的用香方式，已深得品香三昧。

“香令人幽，酒令人远，茶令人爽，琴令人寂。”古人啜茗操缦饮酒品香并不似今人唯求一醉般饱足宣泄之欲，而是以物怡情，以物修德。在日本香史上影响深远的《香十德》概括了香的灵魂、品质、内涵与功用：“感格鬼神，清净心身，能除污秽，能觉睡眠，静中成友，尘里偷闲，多而不厌，寡而为足，久藏不朽，常用无障。”《香十德》的作者被认为是宋代文人黄庭坚，他也因此被奉为“香圣”，但实际上，在黄庭坚的传世诗文中并无此文，据《香志・香圣黄庭坚》一书编者孙亮考据，《香十德》一文在 18 世纪前的日本香界被视为一休和尚所作，自明治维新后才出现与黄庭坚相关的记载。

日本香道在平安时代流行的六种熏物香方，以梅花、荷叶、菊花、落叶、侍从、黑方代表不同时节的自然香气，现在已成为代表日本文化的传统熏物。在中华香文化传统里，雨水节气焚什么香合适呢？从文人用香角度，依旧是花香作为代表，春雨杏花香，夏日品清莲，金秋木樨香，冬雪探寒梅。周嘉胄著《香乘》卷十八录有《陈氏香谱》中的两则杏花香方和吴顾道侍郎杏花香方。王诉著《青烟录》中录有一杏花香方与《陈氏香谱》中一方相同，今皆辑录于下。

附录：杏花香方

杏花香一

香附子、沉香、紫檀香、栈香、降真香，前述各一两。

甲香、熏陆香、笃耨香、塌乳香，各五钱。

丁香二钱，木香二钱，麝香五分，梅花脑三分。

共捣为末，用蔷薇水拌匀，和作饼子，以琉璃瓶贮之，地窨一月，爇之，有杏花韵度。

杏花香二

甘松、川芎各半两，麝香少许，共为末，炼蜜和匀丸如弹子大，置炉中迎风烧之尤妙。

吴顾道侍郎杏花香

白檀香五两，锉细，蜂蜜二两用温水化开后，将白檀浸三宿后取出，放入银器内，待变成紫色后，加入杉木炭炒干，捣成末。

麝香一钱，另器别研。

腊茶一钱，制成汤茶，放至澄清，用茶底的黏稠茶渣。

上述香药加白蜜八两和匀，用乳槌捣数百下，放入瓷器中熔蜡封严，窖藏一月后即可熏焚。

上三香方中杏花香二简单易做，感兴趣的香友不妨一试。

雨水节气时，常见倒春寒的气候，此时宜用“寒则热之”加以平衡，用辛温散寒、祛湿化浊的香药，如南苍术、白芷、川芎、广藿香叶、艾叶为粗末，以散烧的方式焚熏亦佳。散烧法是先秦时期使用的焚香方式，至今在部分少数民族地区还可见到，就是将香料切成粗末，撒在炭火上出烟即可。

宋代文豪苏轼诗曰："焚香引幽步，酌茗开静筵。微雨止还作，小窗幽更妍。"在雨水节气到来时，读一卷书，焚香听雨，吐纳养息，权当闭关清修吧。

《竹涧焚香图》（南宋·马远 绘）

惊蛰·香印消尽，蛰梦醒

料峭寒犹薄，阴云带晚烟。
雨催惊蛰候，风作勒花开。
日永消香篆，愁浓逼酒船。
为君借余景，收拾赋新篇。

——宋·陈棣《春日杂兴五首其一》

在吟咏惊蛰节气的古诗词中，最常被引用的是唐代诗人韦应物“微雨众卉新，一雷惊蛰始”和宋人陈棣“雨催惊蛰候，风作勒花开”这两句。其中，陈棣这首“雨催惊蛰候，风作勒花开”，后两句是“日永消香篆，愁浓逼酒船”，诗句中的“香篆”是一种沿袭至今的焚香方式——印香。今日惊蛰，我们就来聊一聊印香。

古诗文中香篆、篆香、香印、印香、香拓所指皆是同一种焚香方式，即印篆之香，古称印香。如图中的香炉里，在白色香灰上，香粉用印香模具压印成回纹篆字“寿”，回纹篆“寿”字是被称为富贵不断头的一笔字篆书字体，点燃上方起笔处任一端，香粉缓缓燃尽，香灰仍保留篆字之形，这就是印香。据江南传统文人香事非遗传承人吴清先生所著《廿四香笺》中的观点，印篆之香最迟在唐代已是较为流行的焚香方式，印篆香方在存世古香方中是一个大类。明代周嘉胄所著《香乘》中，以两卷篇幅收录了历代印篆诸香香方和各种香印图案，在卷廿一中录有旁通香谱两图。所谓旁通香谱，就是图表中横成行竖成列，皆可组成一个香方，与现在的数独游戏相似。卷廿二中录有“五夜篆香图”，即五日一候的节气计时香印，配以专用的计时印香粉，就可以起到计时的作用。

《香乘》中所录百刻印香方为：“栈香一两，檀香、沉香、黄熟香、零陵香、

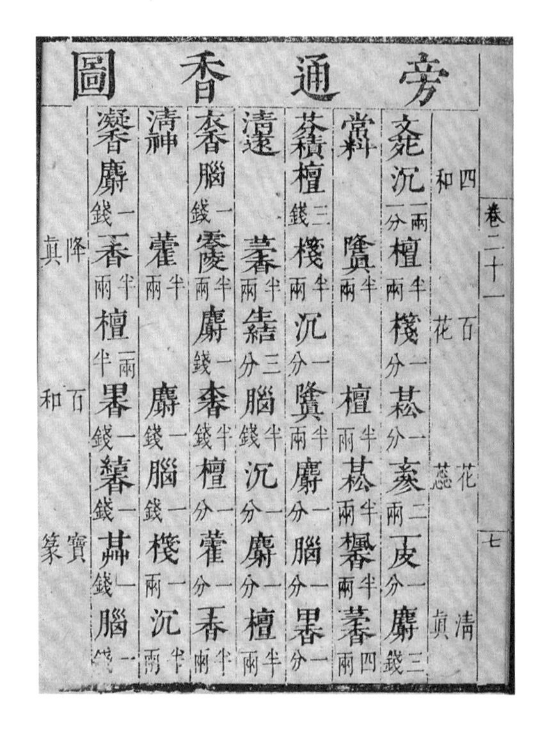

藿香、茅香各二两，土草香半两（去土），盆硝半两，丁香半两，制甲香七钱半（异本为七分半），龙脑少许（细研作篆时旋入），前述为末同烧，如常法。”

印篆之香兼具计时与赏玩等功能，焚燃需要专用的印篆香器具和熟练的操作技艺。宋代洪刍所著《香谱》中释曰：“香篆，镂木以为之，以范香尘为篆文，燃于饮席或佛像前，往往有至二三尺径者。”现藏于日本相国寺的宋代画家陆信忠所绘《十六罗汉·宾度啰跋罗惰阇尊者》轴画中绘有一印香盘，可能是目前所见最早的印香使用图画，对比与画中人物的比例，的确像《香谱》中所记载的尺寸大小。宋代诗人苏轼曾以一尊檀香观音像及印香银篆盘作为生日礼物，为其弟苏辙贺寿，并赋诗为记：“一灯如萤起微焚，何时度惊缪篆纹。缭绕无穷合复分，绵绵浮空散氤氲。”此为印香器具作为文人之间礼物相赠的记载。

清代南通文人丁月湖辑有《印香炉式谱》一册，拓录、绘制其创制各式印香炉盖图 97 幅，印香篆刻模图 44 幅，印香炉式全形拓 1 幅。他在自序中阐述创制印香炉的心得道：“古人画卦以分以截，今我制香合成一笔。两仪四象，出自太极；剥复循环，不外乎易。道以悟明，理以参澈；贯翠竹心，吐青莲舌。无障无碍，虚空禅寂；比佛前灯，常燃不灭。似隙中驹，健行不息；吐雾喷云，不徐不疾。记刻按时，永朝永夕；伴我琴书，亲我几席。或诵或弦，宜熏宜爇；

妙自心闻，境由人辟。牖启灵通，神清志逸；默古韬真，万滤一涤。”此文贯通了丁月湖对古往今来华夏人文历史的全部感悟，也由此将历代印篆香器具工艺臻于至善。至今，许许多多的江南铜炉匠人仍以丁月湖印香炉式谱为规制制作印香炉，其中胡庆松所制印香炉恪守旧制，典雅轻盈，具文人气。

人会成长，技艺也在进步，但有个不变的东西，那就是中华传统文化的灵魂，守住了这个，既是对学问与技艺的勘验印证，也是对文化传承的责任担当，香火传续就有了载体。

惊蛰日，二月节，鸟鸣花绽蛰虫启的生旺之时，古人会熏焚“寿”字为篆，虚邪驱散，福寿绵长。

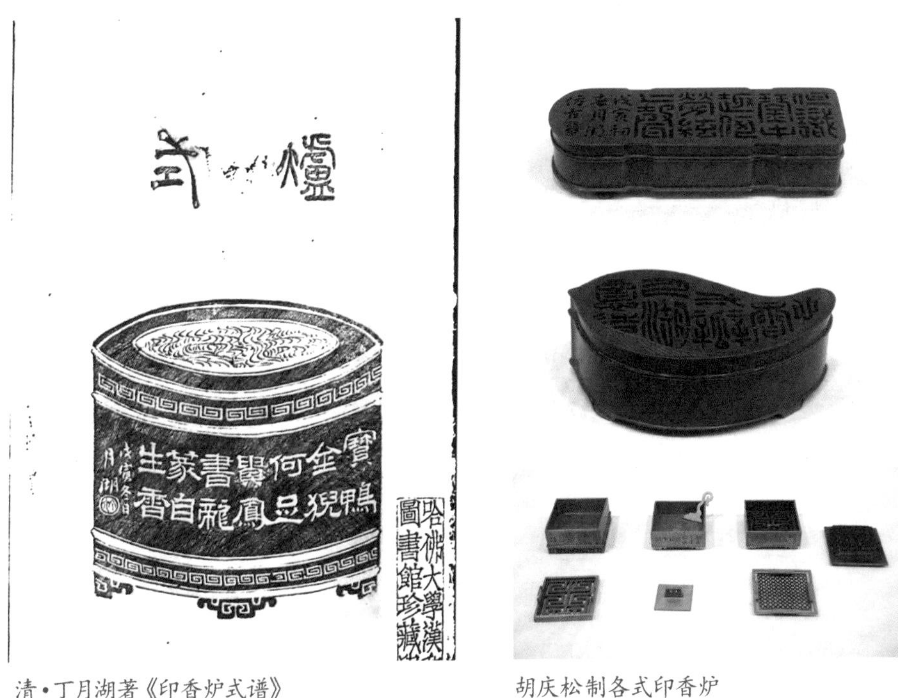

清·丁月湖著《印香炉式谱》

胡庆松制各式印香炉

春分·赏花品香不负春

香鼎灰寒午梦回，閒情谁与梦徘徊。
杖藜信步穿幽径，一阵野芳何处来。

——宋·张栻《春吟四绝》

（潘永军 摄）

宋代吴自牧著《梦粱录·二月望》中载："仲春十五日为花朝节，浙间风俗，以为春序正中，百花争放之时，最堪游赏。"春分即是仲春卯月之中气，这一天太阳位于黄经0°的春分点，直射点在赤道上，从理论上说，全球昼夜等长。所以，古时又称春分为"日中""日夜分"。此后太阳直射点继续北移，故春分也称"升分"。

古代帝王在春分日祭天，秋分日祭地。民间则在春分前后赏花、社戏。《中华全国风俗志》写道："世俗恒言二、八两月为春秋之半，故以二月半为花朝，八月半为月夕。"也就是农历的二月十五为花朝节，八月十五为中秋节。晋人周处撰《风土记》中说："浙间风俗言春序正中，百花竞放，乃游赏之时，花朝月夕，世所常言。"文中的春序正中即春分日，因为春分这天正是春令90天的正中分。

古人赏花讲究观花色、闻花香、赏花姿、品花韵，又有谈赏、曲赏、琴赏、茗赏、酒赏、香赏之不同，即借赏花为名的雅集形式之别。在传统香席上，瓶花也是不可或缺的，而且香席瓶花与厅堂书房陈设插花和茶席插花的范式要求差异很大，香席上所摆放瓶花要求器皿以瓶为主，植物以无花的奇形绿植为佳。

南唐名士韩熙载好莳花，有香花五宜之说："对花焚香，风味相和也。木

樨宜龙脑、酴醾宜沉水、兰宜四绝、含笑宜麝、薝卜宜檀。”简单说，香花五宜就是赏五种花时宜品的五种香：赏桂花时焚龙脑香，可以借龙脑的清凉之气，使桂花浓郁的香气显得更加清幽典雅。

酴醾为蔷薇科植物，花小似玫瑰，其香浓郁奔放，赏酴醾所宜沉水香就是沉香，其香清淑内敛，如莲花、梅英、鹅梨、蜜脾之类，此两者相配，华美贵气，清芬宜人。

兰花花色淡雅，香气清冽、醇正，被称为王者香，其所宜之香称为四绝，但香谱中未见有此香名，故疑为四弃香，倒是与兰花的风骨品格也很相像。

四弃香为四种弃物和合而成的文人用香，《香乘》卷廿四“墨娥小录”香谱载四弃饼子香方为：“荔枝壳、松子壳、梨皮、甘蔗渣，各等分为细末，梨汁和丸，小鸡头米大，捻作饼子，或搓如粗灯草大，阴干后烧妙，加降真屑或檀香末同碾尤佳。”

兰花象征了儒家所追求的德行高雅、坚持操守、淡泊自足和独立不迁的人格理想；四弃香则体现了传统文人化腐朽为神奇的俭德之美，两者相宜清微淡远，迥殊常品。

香席用瓶花范式

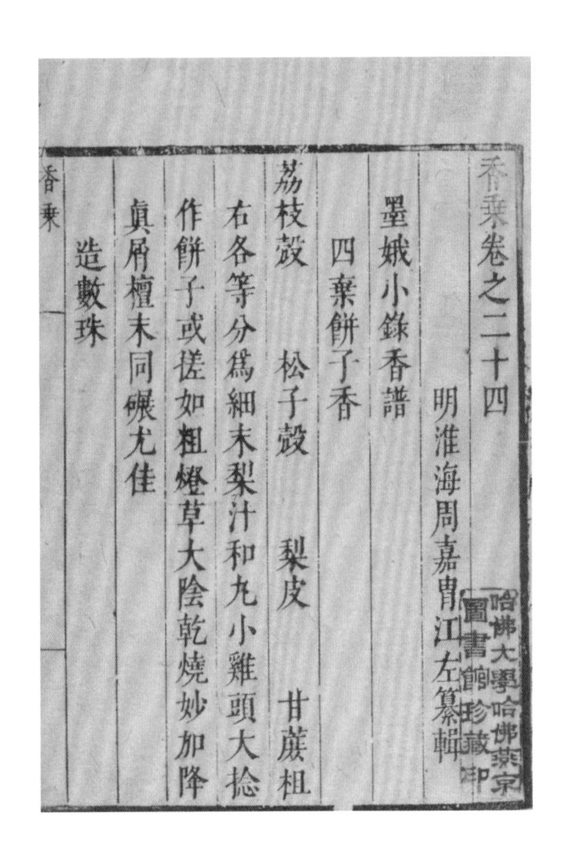
香乘卷之二十四

明淮海周嘉胄江左纂輯

墨娥小錄香譜

四棄餅子香

荔枝殼　松子殼　梨皮　甘蔗柤

右各等分爲細末梨汁和丸小雞頭大捻作餅子或搓如粗燈草大陰乾燒妙加降眞屑檀末同碾尤佳

造數珠

香乘

含笑为江南花木，别名含笑梅、白兰花，花绽放时显得含蓄而矜持。麝香为雄麝香鹿香腺囊所分泌的麝香酮结晶物，味辛而温，甚是浓烈，被称作“催情香”。两者相宜即若屠隆《香笺·论香》所言：“焚以熏心热意，谓古助情可也。”

薝卜为梵语 Campaka 的音译，意译为郁金，但多数观点认为薝卜是栀子花。宋代曾端伯所撰“名花十友”中，封薝卜为禅友。檀香大家都比较熟悉，辛香凛冽，奶香浓郁，是佛事中重要的常用香料。薝卜与檀香之宜，“犹如片云点太清里，此出世大观也（蕅益大师语）。”

春分即是春已半，光阴荏苒，赏花也好，品香也罢，莫负这春光大好，身心投入，尽享自然之美吧。

附：辑《香乘》卷十八“凝合花香选”

酴醾香

歌曰：“三两玄参二两松，一枝滤子蜜和同，少加真麝并龙脑，一架荼蘼落晚风。”

肖兰香一

麝香一钱，乳香一钱，麸炭末一两，紫檀五两（白檀尤妙，剉作小片，炼白蜜一觔，加少汤浸一宿，取出，银器内炒微烟出）。

先将麝香乳钵内研细，次用好腊茶一钱沸汤点，澄清时与麝香同研，候匀，与诸香相和匀，入臼杵令得所，如干，少加浸檀蜜水拌匀，入新器中，以纸封十数重，地坎窨一月爇之。

肖兰香二

零陵香七钱，藿香七钱，甘松七钱，白芷二钱，木香二钱，母丁香七钱，

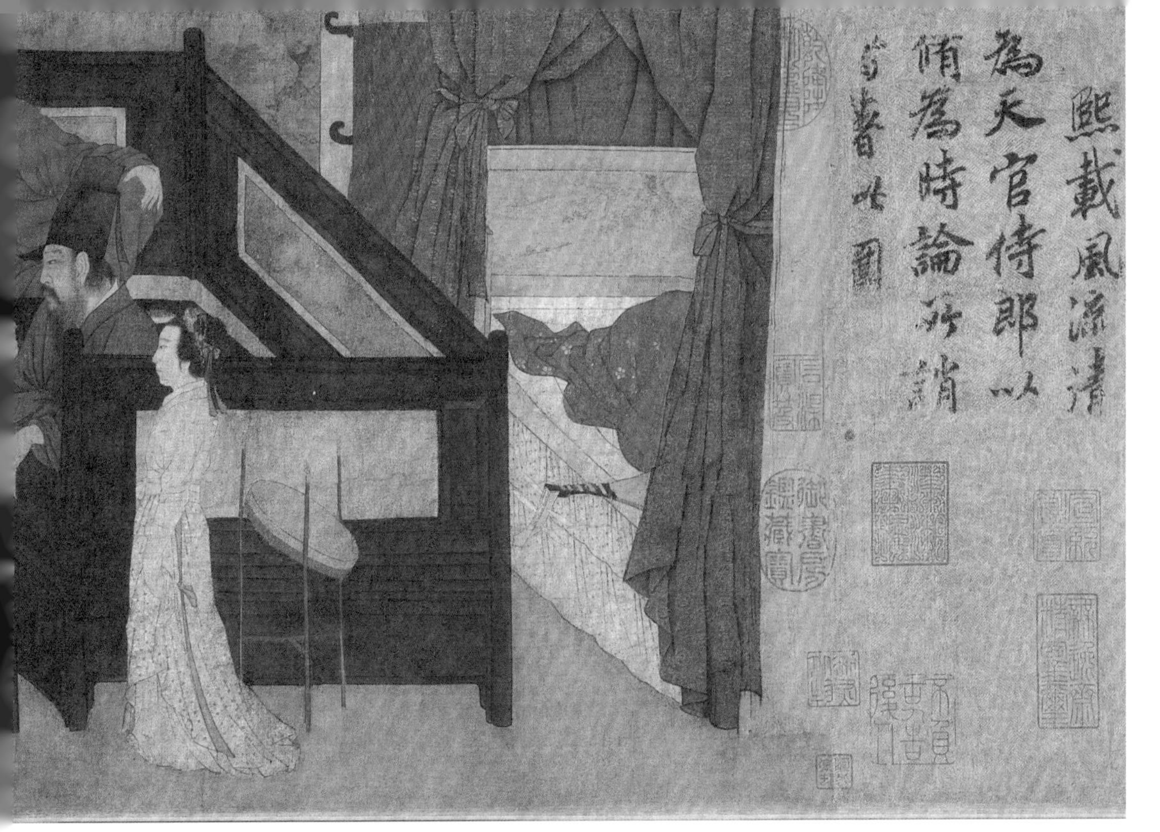

《韩熙载夜宴图》局部（南唐•顾闳中 绘）

官桂二钱，玄参三两，香附子二钱，沉香二钱，麝香少许另研。前述香药炼蜜和匀，捻作饼子，烧之。

百花香

歌曰："三两甘松（别本作一两）一两芎（别本作半两），麝香少许蜜和同，丸如弹子炉中爇，一似百花迎晓风。"

野花香

栈香一两，檀香一两，降真一两，舶上丁皮五钱，龙脑五分，麝香半字，炭末五钱。

前述香药研为末，入炭末拌匀，以炼蜜和剂，捻作饼子，窨一月烧之，如要烟聚，入制过甲香一字。

蘑菊香

雪白芸香以酒煮，入元参、桂末、丁皮，四味和匀，焚之。

清明·烟云袅袅柏子香

三分带苦桧花蜜，一点无尘柏子香。
鼻观舌根俱得道，悠悠谁识老龟堂？

——宋·陆游《龟堂杂兴》

清院本《清明上河图》局部（陈枚等 绘）

现在，每到清明节，人们首先会联想到扫墓，并且莫名衍生出很多禁忌迷信的伪民俗。可当我们欣赏北宋画家张择端所绘《清明上河图》时，看到的却是一派繁华与热闹的踏春场景。在画中，清明时节的北宋都城汴京东角子门内外和汴河两岸的闹市街头显眼处，有一招牌上清晰地写着“刘家上色沉檀拣香铺”，这就是当时香铺的写实风貌。尚秉和先生所著《历代社会风俗事物考》中写道：“元旦、上元、日至、社腊等日，纯为社会娱乐之节，独清明时值春和，芳草遍地，天涯游子，最动归思；而柳绿桃红，士女踏春，不忘和乐，其趣味介乎娱乐非娱乐之间，而唐宋时尤甚。”清明，是介乎娱乐非娱乐之间的节气与节令，文中“最动归思”这四个字或许就是清明扫墓的缘由所在。

冬至祭祖与清明扫墓是一个完整的岁时礼俗，这一传统礼俗的意旨在于通过冬至祭祖来祈福新岁吉祥，清明扫墓则是孝亲忆旧来感恩长辈的养育。清楚了节令礼俗的来龙去脉，那些怪力乱神的伪民俗就没有存在的依据了。

无论是北宋张择端的《清明上河图》，还是清院本陈枚等合绘《清明上河图》，其中皆有香铺细节，由此可见，香在历史上是日常生活中不可或缺的消费品。曾有人问我清明扫墓应该焚几炷香，以现在常用的线香来说，一般都是上三炷香，从儒释道三家文化来说，象征着“三宝”“三才”“君、亲、师”等寓意。但是，线香出现的时间并不长，关于线香使用的记载最早出现在元明之际。在此之前，祭扫用香多以直接焚烧香蒿、兰、柏、椒、桂等香料或和香香丸、香饼为主，吴清先生所

左为修制柏子，右为柏子焯水煮制（吴兆丰 摄）

著《廿四香笺》中的清明用香是柏子香。

柏子即侧柏树的果实，前一年中元至中秋之间采摘青色未开的柏子，制香窖藏，到清明焚烧正与节气相应。明代周嘉胄著《香乘》卷十八中所录柏子香方：“柏子实不计多少，带青色未开破者，以沸汤焯过，酒浸密封七日，取出阴干，烧之。”宋人陈敬著《陈氏香谱》所录柏子香方略异：“……以沸汤焯过，细切以酒浸，密封七日，取出阴干，烧之。”两香方的差异一为柏子实沸水焯过后直接酒浸，另方为沸水焯过后细切酒浸。直接酒浸的柏子香如天然的香丸，而细切后酒浸的柏子香则为末香。这涉及香丸、末香两种传统制香和用香方式的差别，在气味香韵上，虽是同一香材，但有不同的呈现。柏子大小如天然香丸，《香乘》中的香方可称其为香丸方，《陈氏香谱》中的香方即是末香方。《香乘》中还录有真全嘉瑞香与紫藤香，皆为线香方。

制柏子香（吴兆丰 摄）

附：柏子香方

真全嘉瑞香

罗汉香、芸香各五钱，柏铃三两。

上述三味香药共研为末，用柳炭末三升和。

每香末四升兑柏泥二升，共六升，加白芨末一升，清水和，杵匀，造作线香。

紫藤香

降香四两，柏铃三两半。研末，用柏泥、白芨造。

柏子香虽然香材易得，工艺简单，但火候分寸的拿捏须不断实践总结经验。首先是柏子的采摘时机，过早柏子未结实，过晚则易开裂，以江南为例，仲秋时节最宜采摘。柏子焯水为祛其燥气，火候的拿捏以褪其青色但柏子不开裂为宜。酒浸宜用清酒或低度的黄酒，并在酒中加入适量蜂蜜为佳。密封七日后取出柏子香，要摊开阴干使酒味散去后，剪掉其突出的棱角，呈香丸状，方可收藏于香合中。

柏子香高古清逸，素雅醇厚，颇为佛道修行者所钟情。《香乘》卷十六法和众妙香所录“禅悦香”即以檀香、柏子、乳香三味香药和合而成。宋代诗僧仲殊《鹊踏枝·蝶恋花》道：“一霎雕栏疏雨罢。三月十三，曾是寒食夜。尽日暖香熏柏麝，西施醉起留归驾。”描绘的是寒食清明时节，将柏子香与麝香同熏，所营造出的温暖香氛连西施都流连忘返。

就如尚秉和先生对清明风俗介乎娱乐与非娱乐之间的论点一样，烟云袅袅柏子香同样介乎朴素、清逸与温情之间，就看你如何来用了。

炷柏子香（吴兆丰 摄）

谷雨·明窗展卷书香浓

明窗延静书，默坐消尘缘。
即将无限意，寓此一炷烟。
当时戒定慧，妙供均人天。
我岂不清友，于今心醒然。
炉香袅孤碧，云缕霏数千。
悠然凌空去，缥缈随风还。
世事有过现，熏性无变迁。
应是水中月，波定还自圆。

——宋·陈与义《焚香》

在传统和香香方中，有一类香方是专为读书人伴读所用，称为伴读香或者闻思香。今天谷雨，是仓颉造字天降谷雨的人文开蒙之时，春令六气的最后一气，本期节气香事，就聊一下伴读香。

明代周嘉胄著《香乘》卷廿五录有一则窗前省读香："菖蒲根、当归、梓脑、杏仁、桃仁各五钱；芸香二钱。研末，用酒为丸或捻成条，阴干，读书有倦意时焚之，爽神不思睡。"香方中的菖蒲根为君药，在《神农本草经》中，菖蒲为上药三品之一，味辛温。"开心孔，补五脏，通九窍，明耳目，出音声。久服轻身，不忘，不迷惑，延年。"菖蒲叶有清香，古代读书人的书案上摆放菖蒲清供一盆，倦时折一小段菖蒲叶闻闻香气，即有提神清脑之用。篝灯夜读之时，菖蒲亦可起到收烟护目之效。宋代诗人曾几的《石菖蒲》诗云："窗明几净室空虚，尽道幽人一事无。莫道幽人无一事，汲泉承露养菖蒲。"传说晨起之后，

菖蒲

集菖蒲叶上之露水润目，还能够明目祛除眼疾。明代宁献王朱权《臞仙神隐书》中道：“石菖蒲，置一盆于几上，夜间观书，则收烟无害目之患，或置星露之下至旦取叶尖露水洗目，大能明视，久则白昼见星。”明清之际，江南文人每日生活都是伴随着菖蒲而开启，所以，省读香方中以菖蒲为君也就顺理成章了。

陈与义《焚香》诗曰：“明窗延静书，默坐消尘缘。即将无限意，寓此一炷烟。”《香乘》卷十六录有两则闻思香方，其一为辑自武冈公库《香谱》：“玄参、荔枝皮、松子仁、檀香、香附子、丁香各二钱；甘草二钱。同为末，查子汁和剂窨爇如常法。”此方君药为玄参，炮炙后气味如熟番薯。《雷公炮制药性解》认为其入心、肺、肾三经，有滋阴降火、除烦明目之功效。荔枝皮祛燥火；松子仁益智；檀香理气安神；香附子解郁顺气；丁香温中补肾；甘草补脾益气，调和诸药。其二是，“紫檀半两（蜜水浸三日，慢火焙）；枨皮一两（晒干）；甘松半两（酒浸一宿，火焙）；苦楝花一两；榠查核一两；紫荔枝皮一两；龙脑少许。前述香药研末，炼蜜和剂，窨月余，焚之。别一方无紫檀、甘松，用香附子半两、零陵香一两余皆同。”由此两方可见，闻思伴读用香，皆有其香药同源之功用，古人焚香读书绝非仅仅是一种仪礼，爇一炉好香，可解郁散烦、祛躁通窍、醒神明目、焕发精神，闻思效率自然提升。

玄参

在传为宋代李公麟所绘《维摩演教图》中绘制一狻猊熏炉，典故出自《维摩诘居士所说经》中文殊菩萨至

《维摩演教图》中的狻猊熏炉

维摩诘大士丈室问疾的故事。狻猊为龙生九子之一，是文殊菩萨坐骑，喜烟恋坐，吞云吐雾，所以，古代书斋用熏香炉常做成狻猊造型。文殊菩萨为智慧化身，隐喻借文殊菩萨加持而获得智慧增上之收获。我的师兄杨成以《维摩演教图》中狻猊熏炉造型为基础创作的陶瓷狻猊香熏作为书房熏香用炉，获得了中国工艺美术学会首届“中香杯”香事器具设计大赛金奖。日本民艺运动之父柳宗悦认为：“好的器物，当具谦逊之美、诚实之德与坚固之质。”对于中国传统文房器物来说，还要多一点人文之味。在中华传统文房中，无论是器物设计、环境陈设还是香品选择，是否有典可查、有据可循，并且在细节处能彰显巧思与匠心，这是体现其格调与品位的所在。总的来说，书房雅物还是以简素为上，无论是诸葛亮的“宁静以致远，淡泊以明志”，还是苏轼的“发纤浓于简古，寄至味于淡泊”。文房器物如一面镜子，彻照出文房主人的心性，器以载道不就是这意思吗？

“晨起盥栉罢，焚香默坐馀。朝阳上窗户，寒雀下庭除。隐几商清句，开椷阅素书。吁嗟望尘客，徒解赋闲居。”宋人陈深这首《闲居即事》写得十分应景。疫情之下，闲居宅家，与其担忧恐惧，不如焚一炉香，展卷读书，安心享受当下光景吧。

唐·维摩诘敦煌莫高窟第103窟《维摩诘说法图》局部（孙志军 摄）

立夏·古殿炉香心清凉

桑柘成阴百草香，缫车声里午风凉。
客来莫说人间事，且共山林夏日长。

——南宋·陆游《示客》

明•铜镏金梵文准提咒双龙耳簋式炉（清禄书院 藏）

民间传诵的二十四节气歌“春雨惊春清谷天，夏满芒夏暑相连，秋处露秋寒霜降，冬雪雪冬小大寒”，后面还有四句流传并不甚广，是“二气阳历日期定，最多相差一两天，上半年为六廿一，下半年是八廿三”。这四句对记忆节气日期非常有帮助，像今日立夏，阳历日期比歌谣中所述早了一天，若按传统阴阳合历，则对应为阴历巳月之节。

在佛教信仰中，农历四月上旬有三大节日，分别是四月初四的文殊菩萨圣诞，四月初八的释迦牟尼佛圣诞日，四月十五的结夏安居日，焚香祷祝都是必不可少的仪式。世界各大宗教的香文化，在各国香文化中属于流传最久远、影响最深广的重要组成部分，在立夏节，我们就聊一下佛教用香。

汉传佛教里有三首常用的焚香赞偈，分别是“炉香赞”“戒定真香”“宝鼎爇名香”。若按传统仪轨，不同的佛事活动所用的香器具和用香方式及仪范各有差别。图中这件由江南传统文人香事非遗传承人吴清先生所藏，明代铜鎏金梵文准提咒双龙耳簋式炉，就是佛教密宗准提法修法用香炉。

准提法用香为安息香，原产于中亚古安息国，梵语称拙贝罗香，为安息香科植物白花树的干燥树脂。杂质较多，品质较差者，称为金银香或金颜香。现主要产区以越南、泰国和印尼苏门答腊为主，其中越南、泰国安息的甜香中略带奶味，印尼苏门答腊安息有花果酸香。唐·苏敬等编撰的《新修本草》曰：“安息香，味辛，香、平、无毒。”安息香具有开窍清神、行气活血、止痛之功效。

泰国安息　　印尼安息

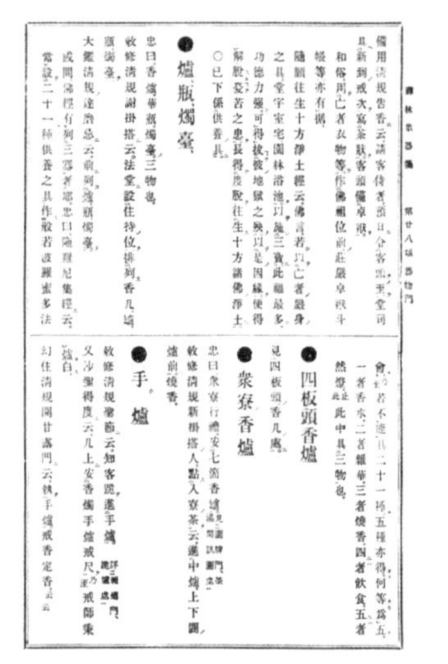

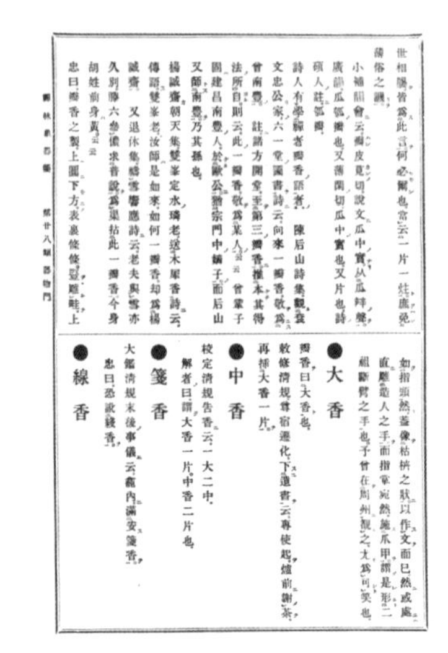

《禅林象器笺》（日本 无著道忠 著）

《清稗类钞·工艺类》“制安息香”载：“安息香树之脂，坚凝成黄黑色块者可为香，并可制药。今通用之安息香则多以他种香料合木屑作线香状，但袭安息香之名，实无安息香料也。”

1987年，在陕西扶风法门寺唐咸通年间所瘗藏佛指舍利的佛塔地宫中出土了大量唐代佛教文物，其中有如意柄银手炉；象首金刚五足铜炉、鎏金银龟熏炉；鎏金卧龟莲花纹五足朵带银熏炉、银炉台；鎏金雀鸟纹镂空银香囊、鎏金双蛾团花纹镂孔银香囊、鎏金人物画银香宝子等香器具和大量香料，由此可见，唐代佛事器具及用香规范已极为完备和成熟。

日本无著道忠禅师搜集整理自百丈怀海古清规以来，有关禅林之规矩、行事、机构、器物等用语、名目起源、沿革及现行规范，在其详尽阐释编著的《禅林象器笺》中，对佛事所用炉瓶烛台、香几、香盘、香合、香料、香品有非常细致的说明。他在文中引《佛说陀罗尼集经》卷第三云：“当设二十一种供养之具，作般若波罗蜜多法会……若不能具二十一种，五种亦得。何等为五？一者香水；

二者杂花；三者烧香；四者饮食；五者燃灯。”这五种供养具中，与香有关的就有两种。

佛教用香，除了香器具有规范，对香料香品要求也很高。从香药同源的角度来说，佛教用香在功能性的要求上首先要有安神清心的作用。佛经中常提及的香料有旃檀、龙脑、沉香、乳香、藿香、安息香、苏合香、零陵香、丁香、郁金香等。在香品的使用上，《大智度论》卷三十载，烧香只能在寒天使用；涂香在寒热天气中均可以用；寒时宜用沉香，热时宜用檀香。佛教用香的种种规矩，看起来很烦琐，究其实质，旨在通过一定的规范约束，唤醒内心敏锐的觉察力和自控力，再将这种理性思辨能力化为本能，如此，在顺应自然的生活中，对影响自身情绪烦恼的外界是非能够逐渐淡漠，那时便享受到“春有百花秋有月，夏有凉风冬有雪，若无闲事挂心头，便是人间好时节”的清凉之乐。

为什么炎炎夏日里古刹佛殿中总能让人觉得神清气爽心清凉？这其中，香气对环境气氛的营造，对心灵的净化与暗示作用，都是潜移默化的，并没有神话，也没有玄幻。

革等；或從草木生，所謂布㲲、樹皮等。有諸天衣，無有經緯，自然樹
出光色輕輭。臥具者，牀榻、被褥、幃帳、枕等。塗香者有二種：一者、栴
檀木等，摩以塗身；二者、種種雜香，擣以爲末，以塗其身，及熏衣服，
并塗地壁。乘者，所謂象馬車轝等。房舍者，所謂土木寶物所成樓
閣、殿堂、宮觀等，以障寒熱、風雨、賊盜之屬。燈燭者，所謂脂膏、酥油、
漆蠟、明珠等。諸物者，是一切衆生所須之物，不可具說，故略言諸
物。問曰：此中何以不說燒香、妙華？答曰：說諸物者，皆已攝之。問曰：
若爾者，但應略說三種：飲食、衣服、莊嚴之具？答曰：此諸物是所須
要者，若慈念衆生，以飲食爲先，次以衣服；以身垢臭，須以塗香，次
以臥具；寒雨須房舍，黑闇須燈燭。問曰：華香亦能除臭，何故不說？
答曰：華非常有，亦速萎爛，利益少故，是故不說。燒香者，寒則所須，

1143

大智度論卷三十　釋初品中善根供養　一四

熱時爲患；塗香，寒、熱通用，寒時雜以沈水，熱時雜以栴檀以塗其
身，是故但說塗香。
問曰：若行檀波羅蜜，得無量果報，能滿一切衆生所願；何故言欲
滿衆生願，當學般若波羅蜜？答曰：先已說，以般若波羅蜜和合故，
得名檀波羅蜜。今當更說：所可滿衆生願者，非謂一國土、一閻浮
提，都欲滿十方世界六趣衆生所願，非但布施所能辦故；以般若
波羅蜜破近遠相，破一切衆生相，非一切衆生相，除諸礙故；彈指
之頃，化無量身，徧至十方，能滿一切衆生所願。如是神通利益，要
從般若出生；以是故，菩薩欲滿一切衆生願，當學般若波羅蜜。
【經】「復次，舍利弗！菩薩摩訶薩欲使如恆河沙等世界衆生，立於
檀波羅蜜，立於尸羅、羼提、毗棃耶、禪那、般若波羅蜜，當學般若波

1144

《大智度论》（龙树 著，鸠摩罗什 译）

莫高窟第445窟“弥勒三会”中部剃度图中各类法器与卫生用具全图（孙志军 摄）

唐•忍冬纹镂空五足银熏炉（西安市南郊何家村唐代窖藏出土）

附：辑佛教香方

唐化度寺衙香（洪刍香谱）

沉香一两半，白檀香五两，苏合香一两，甲香一两（煮），龙脑半两，麝香半两。

前述香药细剉，捣为末，用马尾罗，炼蜜修和，得所用之。

禅悦香

檀香二两制，柏子（子未开者，酒煮阴干）三两，乳香一两。

前述香药研为细末，香芨糊和匀，脱饼用。

供佛印香

栈香一觔，甘松三两，零陵香三两，檀香一两，藿香一两，白芷半两，茅香五钱，甘草三钱，苍脑三钱别研。

前述香药研为细末，烧如常法。

供佛湿香

檀香二两，栈香一两，藿香一两，白芷一两，丁香皮一两，甜参一两，零陵香一两，甘松半两，乳香半两，硝石一分。

前述香药依常法调治，碎剉焙干，捣为细末，别用白茅香八两，碎劈去泥焙干，以火烧之，焰将绝时，急以盆盖手巾围盆口，勿令泄气，放冷，取茅香灰捣末，与前香一处，逐旋入，经炼好蜜相和，重入臼捣，软硬得所，贮不津器中，旋取烧之。

小满·未雨绸缪熏衣香

轩窗四面开，风送海云来。
一阵催花雨，数声惊蛰雷。
蜗涎明石凳，蚁阵绕山台。
此际衣偏湿，熏笼著麝煤。
——宋·陈允平《山房》

《斜倚熏炉坐到明》（清·改琦 绘，贵州省博物馆 藏）

在二十四节气中，小满为孟夏巳月中气。民间气象谚语道：“小满江河满，不满干田坎。”从小满开始，全国各地陆续进入雨季，到下一节气芒种前后就要入梅，古人在此时，熏笼、熏衣香就派上了用场。

在这幅贵州省博物馆藏的清代松江画家改琦绘《斜倚熏炉坐到明》图轴中，女子所倚熏笼是古人用来熏衣的穹形圆笼，多为竹制，熏笼外覆绢帛，大口朝下扣在香盘熏炉之上，熏炉中焚熏衣香，香盘中注热水，香气随着热气升腾附着于衣裳之中，可久久不散。而改琦所绘此图中的熏笼，或为金属所制，人可依附其上，熏笼内置暖炉，冬令时亦有取暖的功效。

20 世纪 70 年代，湖南长沙马王堆一号汉墓出土了外覆以细绢的一大一小两只竹制熏笼和茅香、高良姜、桂皮、花椒、辛夷、藁本、姜、杜衡、佩兰等香药。可见熏衣风俗的历史若仅从出土实物而言，已甚为久远。在古典文学名著《红楼梦》第五十一、五十二回中，也有关于熏笼的描述。

从古籍文献中留下的熏衣香方来看，最早的熏衣香方多出自医药典籍之中，古人熏衣最早还是出于防霉、防蛀、防蚊虫等实用目的。东晋医药学家、道教上清派祖师、炼丹家葛洪著《肘后备急方》中录有“六味熏衣香方”，六味香药分别是沉香、麝香、苏合香、白胶香、丁香、藿香。其中丁香在《海药本草》中认为有杀虫之功效；藿香须用广藿香叶，可祛暑行气、抗真菌；白胶香即枫香，可活血解毒、生肌止痛；苏合香可缓解湿疹，有抗菌作用。这六味香药成为后世熏衣香方的基本参考配方。

附：唐·孙思邈《备急千金要方》卷第六

湖南长沙马王堆一号汉墓出土的竹制熏笼（董春洁 摄）

一、熏衣香方

鸡骨煎香、零陵香、丁香、青桂皮、青木香、枫香、郁金香（各三两）；熏陆香、甲香、苏合香、甘松香（各二两）；沉水香（五两）；雀头香、藿香、白檀香、安息香、艾纳香（各一两）；麝香（半两）。以上十八味，研末，以蜂蜜二升半，煮肥枣四十枚，令烂熟，再以手痛搦，令烂如粥，以生布绞去渣滓，用以和香，干湿如捺面，大约捣五百杵成丸，再密封七日即可用。香丸以微火烧之，将一盆沸水置于熏衣笼内，以杀火气，否则，香气中必然会有烟焦气。

还有一方为：沉香、煎香（各五两）；雀头香、藿香、丁子香（各一两）。以上五味研细筛过，再加麝香末半两，再用粗罗筛过后封存。待需要熏衣时，以蜜和为丸。

另方：兜娄婆香、熏陆香、沉香、檀香、煎香、甘松香、零陵香、藿香（各一两）；丁香（十八颗）、苜蓿香（二两）、枣肉（八两）。以上十一味香药研细后以粗罗筛过，掺和上枣肉一起捣杵数百下，再适量加蜜和为香丸。

二、湿香方

沉香二斤十一两九铢；甘松、檀香、雀头香一作藿香、甲香、丁香、零陵香、鸡骨煎香（各三两九铢）；麝香（二两九铢）；熏陆香（三两六铢）。以上十味香药碾为末，用之前以蜜和合，现用现做，做好后的湿香不可久藏。

又方：沉香（三两）；零陵香、煎香、麝香（各一两半）；甲香（三铢）；熏陆香、甘松香（各六铢）；檀香（三铢）；藿香、丁子香（各半两）。以上十味粗罗筛过，蜜和，用熏衣香瓶盛放，埋入地窖窨藏越久越佳。

三、熏衣香方

熏陆香（八两）；藿香、览探（各三两，一方无）、甲香（二两）；詹糖（五两）；青桂皮（五两）。前面六味香药研末，先取硬者捣碾为末，黏湿难碎者，另器别研，或者先切细，使其如黍粟大小，然后再一一薄布于金属盘上，个别捣细。用罗过筛时，罗网需要用纱布做的。和香用的蜂蜜，需要提前炼制过，然后将香药在金属盘里和匀再加炼蜜揉和、捣杵成香泥。香泥的干湿必须调适均匀，不得过度。蜜过少则太燥，很难搓为香丸；太湿，则难以燃烧，香气发散不出来。香丸过于干燥的话，则烟多，会有焦臭气。所以，和香，必须注意香药的粗细要合适，干湿要合度，蜜与香相合相承，熏香用的炭火也要控制好温度，使香与烟恰到好处。

附：唐 王焘编著 《外台秘要》卷三十二

（熏衣湿香方五首、裛衣干香方五首）

千金湿香方

沉香（三分）；零陵香、栈香、麝香（各六分）；熏陆香（一分）；丁子香（二分）；甲香（半分，以水洗熬）；甘松香（二分）；檀香（一分）；藿香（二分）。以上十味粗捣下筛，蜜和，瓦烧之，为湿香熏衣。

千金翼熏衣湿香方

熏陆香（八两）；詹糖香（五两）；览探、藿香（各三两）；甲香（二两）；青桂皮（五两）。上述六味先取硬者、黏湿难碎者，各别捣或细切、咀嚼，使如黍粟，然后二薄布于盘上，自余别捣，亦别于其上有顷筛下者，以纱不得太细，别煎蜜，就盘上以手搜搦令匀，后乃捣之，燥湿必须调适，不得过度，太燥则难丸，太湿则难烧，易尽则香气不发，难尽则烟多，烟多则唯有焦臭，无复芬芳，是故香须粗细、燥湿合度，蜜与香相称，火又须微，使香与绿烟共尽。

备急六味熏衣香方

沉香、麝香（一两）；苏合香（一两半）；丁香（二两）；甲香（一两酒洗蜜涂微炙）；白胶香（一两）。上述六味药，捣沉香令碎如大豆粒，丁香亦捣，余香讫，蜜丸烧之，若熏衣，加艾纳香半两佳。

又方

沉香（九两）；白檀香（一两）；麝香（二两，别捣）；丁香（一两二铢）；苏合香（一两）；甲香（二两，酒洗准前）；熏陆香（一两二铢，和捣）；甘松香（一两，别捣）。上述八味蜜和，用瓶盛埋地底二十日，出丸以熏衣。

又熏衣香方

沉水香（一斤，锉，酒渍一宿）；栈香（五两，鸡骨者）；甲香（二两，酒洗）；苏合香（一两，如无亦得）；麝香（一两）；丁香（一两半）；白檀香（一两，别研）。上述七味，捣如小豆大小相和，以细罗罗麝香，纳中令调，以密器盛，封三日用之，七日更佳。欲熏衣，先于润地陈令浥浥，上笼频烧三两大为佳，火炷笼下，安水一碗，烧讫，止衣于大箱中，裛之，经三两宿后，复上。所经过处，去后犹得半日以来，香气不歇，正观年中敕赐此方。

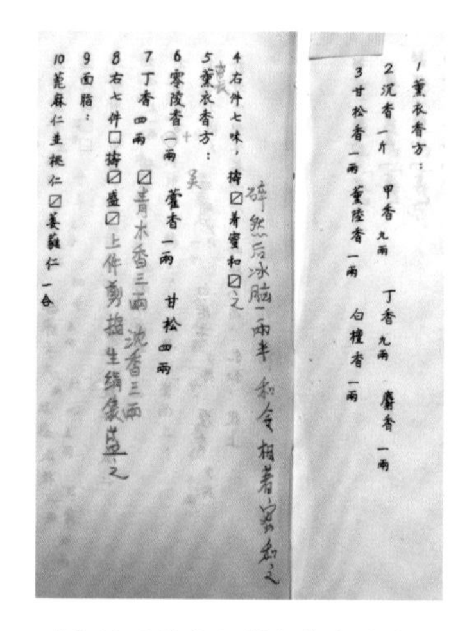
1 薰衣香方：
2 沉香一斤 甲香九两 丁香九两 麝香一两
3 甘松香一两 薰陸香一两 白檀香一两
4 右件七味，擣☒著蜜和☒之
5 薰衣香方：
6 零陵香一两 藿香一两 甘松四两
7 丁香四两 ☒
8 右七件☐擣☒盛☒
9 面脂：
10 蓖麻仁並桃仁☒蔓菁仁一合

《敦煌医药文献辑校》中的香方，铅笔手写为补录内容

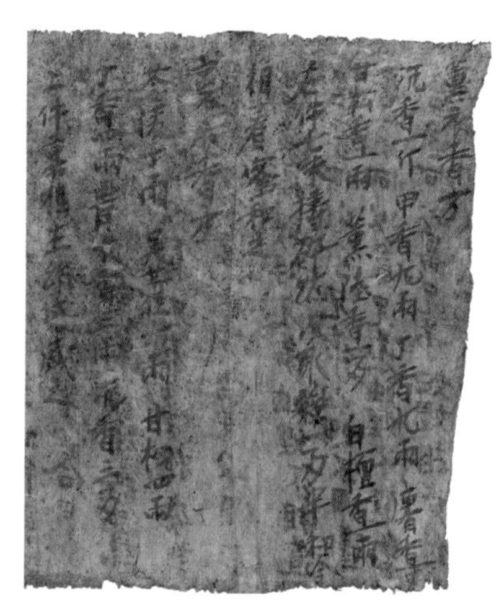

敦煌文书中的熏衣香方原件

马继兴先生主编的《敦煌医药文献辑校》中收录了一敦煌熏衣香方、一裛衣香方，遗憾的是香方识读著录并不完整，经由敦煌研究院孙志军先生协助找到原件图片，在恩师吴清先生指导下，重新识读补记于此，以供研究者参考。

熏衣香方：沉香（一斤）；甲香（九两）；丁香（九两）；麝香（一两）；甘松香（一两）；熏陆香（一两）；白檀香（一两）。右件七味，捣碎，然后冰脑（一两半）和令相着，蜜和之。

裛衣香方：零陵香（十两）；吴藿香（一两）；甘松（四两）；丁香（四两）；青木香（三两）；沉香（三两）。上件裹捣，生绢袋盛之。

明代周嘉胄所著《香乘》卷十九熏佩之香中，录有“千金月令熏衣香”“熏衣梅花香”“熏衣芬积香”“熏衣衙香”皆为熏笼熏衣所用，另外还有佩戴、储放所用的裛衣香方。对照上述香方，可约略看出，近千年来，古人熏衣所喜好的气味应大致相似。

宋代文人洪刍著《香谱》中所录“熏香法”详述了用熏笼熏衣的方法：“凡熏衣，以沸汤一大瓯，置熏笼下，以所熏衣覆之，令润气通彻，贵香入衣难散也。然后于汤炉中，烧香饼子一枚，以灰盖（或用薄银碟子尤妙），置香在上熏之，常令烟得所。熏讫，迭衣，隔宿衣之，数日不散。”

依洪刍所述，用熏笼熏衣首先需要烧沸水注入香盘，再用熏笼罩住，把待熏的衣裳铺展于熏笼上，使香盘中的蒸汽洇润衣裳后，再于香盘中放置一熏香炉，熏炉的香灰中埋一火炭，香灰顶上盖银片隔火，将熏衣香饼放于隔火上熏衣，香盘中的热蒸汽带着熏衣香气浸入衣裳。待蒸汽尽，炭火烘干衣裳后将衣裳收起，叠放于衣柜中隔夜再穿，衣服上的香气会数日不散。在熏衣过程中，要注意香气是借沸水蒸汽渗入衣裳中，香饼香丸不要出烟，若出烟，所熏的衣裳会有烟焦味，衣裳也容易熏黄。马王堆汉墓出土的熏笼外覆细绢，估计也是防止熏衣时出烟所备。

小满之后，气温升高，湿度渐增，到下一节气芒种，将迎来昆虫与霉菌滋生的梅雨时节，虽然在超市货架上各种防霉驱虫的商品不少，但如果动手能力强的话，未雨绸缪来 DIY 一个熏衣架、一款熏衣香，熏熏衣物，这与众不同的芬芳既是源自自然的气味，也是属于你自己的个性化香气标签，格调绝非商品化的香熏能比，不想试试吗？

熏衣示范（吴兆丰 摄）

芒种·驱蚊防霉佩香囊

幽闺岑寂度年芳，韵事消磨夏日长。
起视花阴才晌午，五丝双绾绣香囊。

——清·彭孙遹《五日闺词
其四》梅黄时节怯衣单

清代打籽绣蝶恋花香囊(清禄书院 藏 吴兆丰 摄)

中华香文化的用香方式是非常丰富的，在古时，芒种节气到来时，佩戴香囊成了应节的风尚。

芒种，应为仲夏午月之节，2020年因为闰四月，所以成了农历闰四月的节气。关于农历置闰，在这里稍稍解释一下，中国传统历法是阴阳合历，并引入节气平气置闰来对应阴阳历之间的周年日差。节气是按照阳历的太阳黄道周期平分24等份，每月月初为节，月中为中气。阴历每个月则以中气为代表，当月如无中气，则命名为上一个月的闰月，周期为十九年七闰。如此，既呈现了太阳回归年的四季变化规律，也体现出月亮朔望月的潮汐规律，将阴阳历优势互补的阴阳合历是中国古人的创举，也是中华传统文化最重要的时空脉络。

上：丁香
下：鸡舌香

芒种节气的重要物候特征之一就是梅雨将至。古人依据岁时干支判断入梅、出梅日期，通常为芒种后第一个丙日入梅，小暑后第一个未日出梅。另有一说载于《清嘉录》卷五："芒种后遇壬为入梅，夏至后遇庚为出梅，小暑日为断梅，则无蒸湿之患。"无论哪家之言，江南梅雨通常在6月中旬到7月上旬之间，时长20至30天，出梅后酷暑开始。

梅雨时节雨日多，雨量大，日照时间少，空气湿度大，易发霉，蚊蝇滋生快，这段时间就称为霉雨，此时恰值青梅成熟期，国人忌“霉”，为讨口彩，称此时段为“梅雨”。古人防霉驱蚊的常用办法就是熏香。

居家防霉驱蚊防疫，焚熏传统的辟瘟香效果就很好，传统辟瘟香方中的丁香就是防霉抗菌的一味香药。丁香是桃金娘科蒲桃属的热带常绿乔木，原产于印度尼西亚群岛，现在我国广东、海南等地均有栽培。当尚未开放的花蕾由绿色转红时采摘，晒干就是丁香，别称公丁香、丁子香、支解香等；成熟的果实晒干后就是母丁香，又称鸡舌香。从香气上来说，公丁香的香气更浓郁张扬，母丁香的香气虽然略弱一点，但因其油脂含量高于公丁香，在古时作为改善口气的口含用的就是母丁香。丁香抗真菌、防霉效果甚佳，是天然防腐剂，所以，含有丁香成分的熏佩香囊就具有一定的防霉功效。

随身佩香往往以香囊为主。一提到香囊，大家或许就会联想到旅游景点卖的各种绣品荷包香囊，实际上，历史上香囊的形制要丰富得多。在长沙马王堆汉墓的出土文物中，香囊大如枕头，而在陕西扶风法门寺地宫出土的香囊则是一个精致的镂空金属球。据宋传奇小说《杨太真外传》所载，至德二年，唐明皇密令中官悄悄移葬杨贵妃，移葬时发现，杨贵妃的肌肤已消释，仅胸前犹有锦香囊在，就呈给唐明皇置于怀袖，这锦香囊应该也是金属所制。宋代文人司

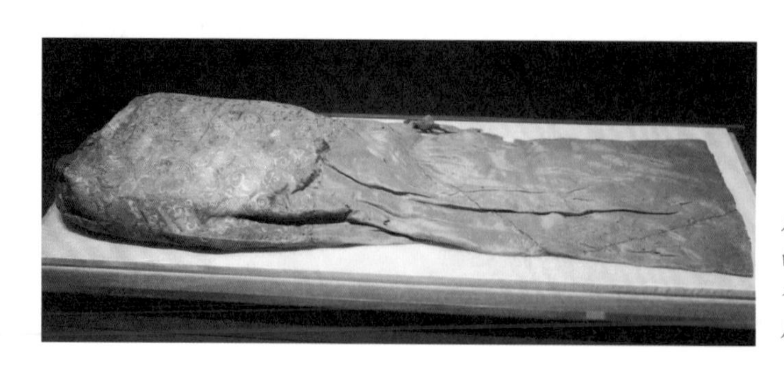

在马王堆博物馆拍摄的“信期绣”香囊。香囊上的紫光为展柜反光（董春洁 摄）

制作香包的
原料与工具

马光在《寄题常州东山亭》诗中写道："醉舞几应摧屐齿，对棋正欲赌香囊。阶庭玉树寒相照，更使东山逸气长。"香囊还可以是对赌的筹码，所以，从材质上说，香囊是可布衣、可锦绣；可平民、可贵胄的佩香器物，在北宋画家苏汉臣绘制的《货郎图》中小货车的右上角就可看到悬挂售卖的各种香囊配饰。

古时香囊都佩戴于何处呢？最常见是系于腰间，或缚于衣襟扣上做押襟用，或藏于怀袖中以镇袖。行住坐卧时，香气随身摇曳，既可遮盖身体或衣物上的杂味，又具驱蚊防霉避虫之效果。

那端午香囊的内容香药有哪些呢？在香药中，丁香、桂皮、杜仲皆有杀灭霉菌的效果；香茅、艾叶、菖蒲、藿香等皆有驱蚊避虫的效果，这些都是香囊中的常用香药。清代吴尚先的《理瀹骈文》中录有一适合端午佩戴的"辟瘟囊方"，佩戴可辟瘟疫，预防四时感冒，其配方为：羌活、大黄、柴胡、苍术、细辛、吴茱萸各一钱，共研细末，贮于香囊中，佩戴胸前。我的香学老师吴清先生有一端午香囊方驱蚊效果甚佳，配方是：公丁香 30 克，艾叶、

《货郎图》(宋·苏汉臣 绘)

细辛、白芷、紫苏叶、官桂、大黄、薄荷、川椒、石菖蒲、广藿香叶、南苍术、金银花各10克，龙脑2克。上述香药共研细末，混合均匀，装入香囊佩戴即可。

香囊看起来做法很简单，但效果很不简单。节气芒种前后通常还值端午节，试试自己做个香囊佩身，清香随行，祛邪辟秽，驱蚊避虫吧。

附：熏佩香方

荀令十里香

丁香半两强，檀香一两，甘松一两，零陵香一两，生龙脑少许，茴香五分略炒。右为末，薄纸贴纱囊盛佩之。

茴香生则不香，过炒则焦气多、则药气太少、则不类花香，逐旋斟酌添使旖旎。

梅花衣香（武冈公库方）

零陵香、甘松、白檀、茴香各五钱；丁香、木香各一钱。右同为粗末，入龙脑少许，贮囊中。

莲蕊衣香

莲蕊一钱（干研），零陵香半两，甘松四钱，藿香三钱，檀香三钱，丁香三钱，茴香二分（微炒），白梅肉三分，龙脑少许。前述香药共研为细末，入龙脑研匀，薄纸贴纱囊贮之。

浓梅衣香

藿香叶二钱，早春芽茶二钱，丁香十枚，茴香半字，甘松三分，白芷三分，零陵香三分。同剉为粗末，贮绢袋佩之。

贵人浥汗香（武冈公库方）

丁香一两为粗末，川椒六十粒。以二味相和，绢袋盛而佩之，辟绝汗气。

夏至·醒脾清暑药香珠

朵殿纳熏风，雨后生微凉。
致斋屏庶政，益觉清昼长。
渴乌滴珠迟，早藁流绮香。
时纪验伏阴，王道钦扶阳。
睪然怀古人，仲舒三策详。

——清·弘历《夏至斋居》

（吴兆丰 摄）

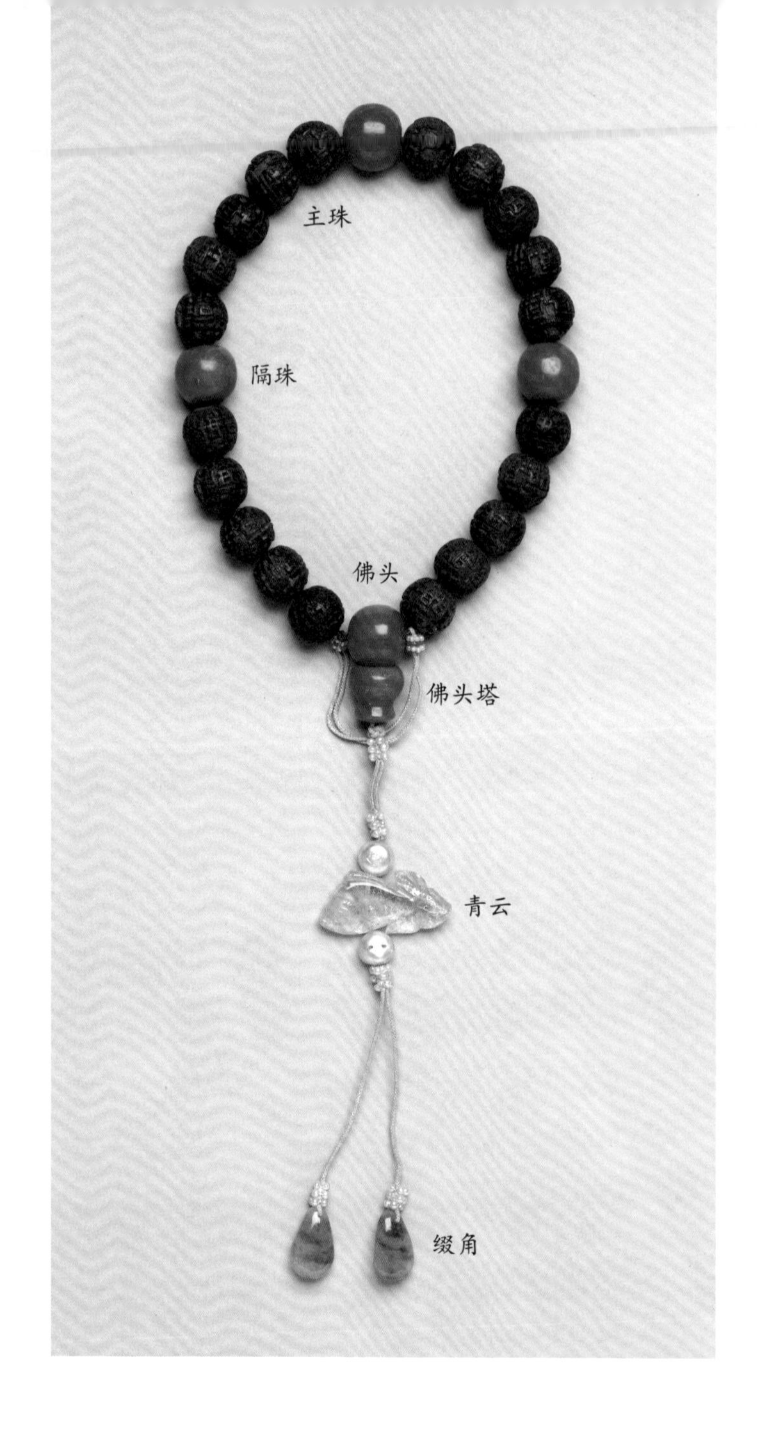

夏至昼长至极，阳盛至极，阴气初起，自然气机处于能量对比悬殊的不平衡状态中，古人认为，冬夏二至是阴阳二气相争之时，会举行大型的祭祀仪式以祈祷风调雨顺，如果再逢日月剥蚀的天象，则会由天文官主持“焚香救日”

等相关仪式，以祈祷平安。古籍记载，在日月剥蚀之时，香的作用就是祷告上苍的信使与媒介，先民以为袅袅青烟可以像无线电那样，将心意识中祈祷的念头与信息上达天听，这在今天看来是荒唐的迷信，但这一仪式对当时的人心安抚作用价值无可否认。

很多民俗节令、节气所沿袭的用香文化，有其历史人文背景与缘由，比如节气夏至的用香风俗，佩戴避暑香珠与防暑锭子药，就是自清代宫廷流传下来的一种卫生、养生习惯。而这是在宋代范成大著《桂海虞衡志》“志香”篇中就有记载的一种自南方流行起来的用香风俗：“香珠，出交趾。以泥香捏成小巴豆状，琉璃珠间之彩丝贯之，作道人数珠，入省地卖，南中妇人好带之。”周密《武林旧事》卷三“禁中纳凉”条目中记载：“御笐两旁，各设金盆数十架，积雪如山。纱厨后先皆悬挂伽兰木、真腊龙涎等香珠百斛。蔗浆金碗，珍果玉壶，初不知人间有尘暑也。”纱窗挂的珠帘竟是由伽南、龙涎所制香珠串，这是何等奢侈啊。

文右这幅北京故宫博物院所藏，晚清《玫贵妃春贵人行乐图》中名为“鑫常在”的人物衣着细节可以看到，在她上衣右侧襟挂着一串十八子，这是清代流行的佩饰，跟当下人们喜欢手腕上戴

一手串类似，以其主珠为十八颗而得名。以故宫博物院所藏十八子为例，一副标准的十八子珠串，十八颗主珠往往由伽楠香、珊瑚、珍珠、水晶等名贵珠宝组成，中间会缀有材质与主珠不同的隔珠，左右隔珠边还拴有丝线串数颗计数小珠。佛头塔上会接大块宝石、金属质地或编织的背云，背云下垂宝石缀角。这十八子佩饰除了装饰价值和身份体现外，还是有功用的，像避暑香珠十八子就是夏令清宫廷祛暑醒神的常备物品。

中医古籍出版社 1996 年出版的《清宫医案研究》一书中，收录了雍正九年避暑香珠方，第一步是制作药汁："香薷 1 两，甘菊 2 两，黄柏 5 钱，黄连 5 钱，连翘 1 两，蔓荆子 1 两，香白芷 5 钱，水 40 汤碗慢火熬，候将干，用绢搅汁，听用。"第二步是制作修合香珠："透明硃砂末 5 钱，透明雄黄末 5 钱，白芨末 3 钱，白檀香末 1 两，花蕊石 1 两，川芎末 1 两，寒水石末 1 两，梅花片 1 两，苏合油 1 钱，水安息 1 钱，香白芷末 2 钱，玫瑰花瓣末 1 两。以上共为细末，入前药汁内搅匀，作襟扣大，串成，盛暑时，时常戴在身上，能避暑并行山岚瘴气，倘药汁不足，添鸡蛋清。"该香珠方后附的研究参考写道："避暑香珠剂型，别具风格，简便实用，芳香避秽，醒脾清暑，堪推而广之。"

《故宫退食录》一书中，朱家溍先生在其《清代皇帝怎样避暑》文中写道："每年端午节前，造办处'锭子药作'照例制造一批防暑的锭子药，主要有：紫金锭、蟾酥锭、离宫锭、盐水锭、避暑香珠、大黄扇器，等等。

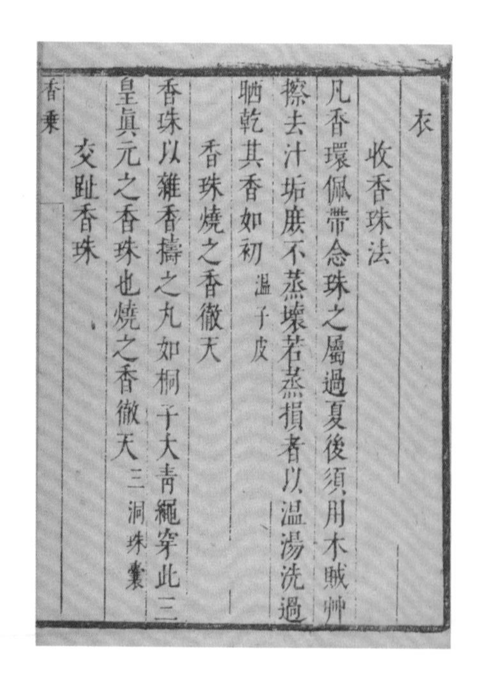

衣

收香珠法

凡香環佩帶念珠之屬過夏後須用木賊艸擦去汗垢庶不蒸壞若蒸損者以溫湯洗過晒乾其香如初 溫子皮

香珠燒之香徹天

香珠以雜香擣之丸如桐子大青繩穿此三皇眞元之香珠也燒之香徹天 三洞珠囊

交趾香珠

香乘

夏季里在身上荷包或香袋里装少量这类锭子药以备不时之需。其中避暑香珠就用不着装入荷包，它是一串经过艺术加工的手串，挂在衣襟上，也是端午节的一项赏赐品，文武官员都以能得到此项赏赐为荣。”

香珠这种形制的香品，除了避暑香珠以外，还有其他香珠配方收录在周嘉胄《香乘》卷二十香属之香饼、香煤、香灰、香珠、香药、香茶中。其中有孙功甫廉访木犀香珠、龙涎香珠、香珠一、香珠二四个香珠方，并录有原载于《温氏杂录》中的收香珠之法：“凡香环佩带念珠之属，过夏后须用木贼草擦去汗垢，庶不蒸坏。若蒸损者，以温汤洗过晒干，其香如初。”可见，夏日佩戴香珠避暑，收储时还是需要小心保养。看晚清老照片中古人佩戴香珠的方法，并不是戴在手腕上，而是作为押襟挂于胸前一侧，这也是保护香珠避免被汗水沁渍染污香气的好办法，值得我们学习。

附：历代香珠方

韩铃辖正德香

上等沉香十两末，梅花片脑一两，蕃栀子（藏红花）一两，龙涎半两，石芝（玉脂芝）半两，金颜香（安息香）半两，麝香肉（麝香仁）半两。前述香药用蔷薇水和匀，令干湿得中，上石细，脱花模子，爇之，或作数珠佩带。

孙功甫廉访木犀香珠

采木犀花蓓蕾未全开者，开则无香矣。露未晞时，用布幔铺地，如无幔，净扫树下地面，令人登梯上树，打下花蕊，择去梗叶，精拣花蕊用中号石磨磨成浆，次以布复包裹榨压去水，将已干花料盛贮新瓷器内，逐旋取出，于乳钵内研令细软，用小竹筒为则，度（量）筑剂，或以滑石平片刻窍取则，手搓圆如小钱大，竹签穿孔置盘中，以纸四五重衬，藉日傍阴干，稍健可百颗作一串，用竹弓绷起，挂当风处，吹八九分干取下，每十五颗以洁净水略略揉洗，去皮边青黑色，又用盘盛，于日影中晒干，如天阴晦，（以）纸隔之，于慢火上焙干，新绵裹收，时时观则香味可数年不失。其磨乳玩洗之际，忌秽污、妇、铁器、油盐等触犯。

《琐碎录》云，木犀香念珠须少入（越）西木香。

龙涎香珠

大黄一两半，甘松一两二钱，川芎一两半，牡丹皮一两二钱，藿香一两二钱，山柰子一两一钱。前述六味并用酒泼，留一宿，次日五更以后，混合拌匀，于露天安顿待日出晒干。

白芷二两，零陵香一两半，丁皮一两二钱，檀香三两，滑石一两二钱（另研），白芨六两煮糊，芸香二两（洗干另研），白矾一两二钱（另研），好栈香二两，香椿皮一两二钱，樟脑一两，麝香半字。

圆晒如前法，旋入龙涎脑麝。

合木犀香珠器物（墨娥小录方）

木犀（拣浸过碾压干者）一斤，锦纹大黄半两，黄檀香（炒）一两，白墡土折二钱大一块。前述香药并挞碎，随意制造。

造数珠

徘徊花（玫瑰）去汁称二十两（烂捣碎），沉香一两二钱，金颜香半两（细研），龙脑半钱（另研），前述香药和匀，每湿称一两半，做数珠二十枚，临时大小加减，合时，须于淡日中晒，天阴令人着揉干尤妙，盛日中不可晒。

（潘永军 摄）

小暑·鸿胪首唱青莲香

小暑不足畏，深居如退藏。
青奴初荐枕，黄妳亦升堂。
鸟语竹阴密，雨声荷叶香。
晚窗无一事，步屧到西厢。

——金·庞铸《喜夏》

小暑是季夏未月之节，俗言“小暑逢庚起初伏”。三伏酷暑时节到了，此时也在高考成绩公布的时间前后,给大家介绍一件古时文人案头熏香器具“鸭熏”应景，祝福考生们鸿胪首唱金榜题名。

这件鸭熏是陆晨先生所藏的明代錽金银工艺铜鸭熏。“鸭”的读音在古时与“甲”是谐音,所以“鸭”寓意科举之“甲”,鸭身上的装饰图案多为芦鸭纹,“芦”与“胪”谐音，寓“传胪”之意，“传胪”为科举时代殿试揭晓唱名的一种仪式——鸿胪首唱。鸿胪为古代掌管礼乐的官名，科举选拔出殿试三甲时，大鸿胪于殿上唱念其名，这称作鸿胪首唱。清代曹素功所制墨品中就有一款文人墨，即名为“鸿胪首唱”。

在科举时代很多文人赏玩的物品，往往隐喻了对自己功名仕途的吉祥祝福之意，自宋元之际开始流行的铜鸭熏同样也不例外。鸭熏作为案头赏玩的器物，溯源的话，最早可见于商周青铜器中的凫尊。湖北随县曾侯乙墓出土一件鸭形彩绘漆器木盒，与鸭形香熏的器形相似，可视之为鸭熏最早的雏形。宋代洪刍所著《香谱》载：“香兽，以涂金为狻猊、麒麟、凫鸭之状，空中以燃香；使烟自口出，以为玩好。”一件品相完好的铜鸭熏，香品爇于鸭身，香烟顺着中空的鸭颈自鸭口中缓缓飘出，使熏香之事不再仅仅是气味上的审美，也具有视觉上的美感享受。

“金鸭香销锦绣帏，笙歌丛里醉扶归。少年一段风流事，祇许佳人独自知。”这首艳体诗其实是一首禅诗，为北宋著名禅师圆悟克勤所作，他以金鸭破题，笙歌喻禅修，风流事喻悟境，“祇许佳人独自知”妙喻禅宗师徒之间心心相印的心灯传承。特别是在宋代，鸭熏是在文人士夫与僧道隐士中十分流行的案头

一鹭青莲铜香熏（清禄书院 藏）

雅玩。题图这件鸭熏珍贵之处更在于其錽工艺已十分难得。“錽”读音为“简”，是一种兴起于战国时期，流行于宋元，至今仍在西藏等地区的金属制品中使用的金属镶嵌工艺。錽金银器物因有金银等贵金属镶嵌其中，工艺考究，视觉效果华贵，人们常以此来体现身份与地位的高贵。

鸭熏的底座造型也颇为讲究，有水波纹底座、莲叶形底座、莲花宝座等造型，讲究的人家会依四时节令不同而置不同时令的应景鸭熏。除了鸭熏以外，还有脚踩莲叶的鹭鸶香熏，其寓意为“一鹭青莲”（一路清廉），底座水纹中再藏上几只小蝌蚪，就称其为“一路连科”。像今日小暑节气，案头摆一莲叶座或宝莲座鸭熏或鹭鸶熏，焚以青莲之香，尽享暑热之时清心悦神之妙。

中国传统文人和香中“春有牡丹，夏有青莲，秋有木樨，冬有梅花”四季花香皆可修和为香品。宋陈敬《陈氏香谱》卷三“熏佩诸香”条目下有芙蕖香和莲蕊衣香两方，芙蕖衣香为：“丁香一两，檀香一两，甘松一两，零陵香半两，牡丹皮半两，茴香二分（微炒）。前述香药研为粗末，入麝香少许，研匀，薄纸贴之，用新帕子裹着肉，其香如新开莲花，临时更入茶末、龙脑各少许更佳，不可火焙，汗浥愈香。”吴清先生的《廿四香笺》中录有新拟“青莲香”线香方，有兴趣的香友不妨可找来一试。

香学家刘良佑先生在“净心契道，品评审美，励志翰文，调和身心”品香四德中提到的品评审美，即对四季花香的品评审美是从德入手，品其馨香之德。王沂《青烟录》青烟散语中道：“香犹人也，不可浓，浓则近浊；不可甜，甜则近俗；不可轻，轻则近浮；不可燥，燥则近鄙。淡焉，若不知其所来；来之，淳温若有与立，徐徐焉去而遗味，袅于依稀仿佛间也，是谓清韵之选，沁心于静，故知香者，可以辨物。”对香之好恶，正如人之品性之别。“才欲雅，便是俗处；才欲高，便是卑处；才欲清，便是浊处。比之妙香，只在有意无意间旖旎人，躁心者却是不解。”

香气是抽象之美，唯在静心处品。周敦颐的《爱莲说》中，将莲花比作花中君子，“香远益清，亭亭净植，可远观而不可亵玩焉”。青莲香韵幽清淡远，雅逸高洁，远闻朴雅，近闻似无，正似莲之品格，也恰是佳香之品味，最宜在这初伏暑热的时节，以青白瓷鸭熏焚燃青莲之香，品之则可静心，心静自得清凉。

青白瓷鸭熏（杨成 制）

（岳桂竹 摄）

大暑·上蒸下煮烧伏香

当年唐殿阁，何似道人庵。
闲日长如此，熏风来自南。
清香吹不断，大暑故如惔。
静见花阴午，凉添竹径三。
客遮前席坐，人卧北窗酣。
别墅棋边急，闲将赤壁谈。

——南宋·刘辰翁《夏景 熏风自南来》

《村医图》（宋·李唐 绘）

大暑，季夏未月中气，正值三伏之中。

三伏天里，初伏湿，末伏燥，上蒸下煮，对身体虚弱久病的人来说，是难熬的日子。在这时节，民间有“烧伏香”的传统，就是针对老弱久病者，烧烧伏香祛湿健脾，对身体和精神康复的帮助效果还是很显著的。烧伏香其实就是中医的三伏灸。

三伏灸所用的艾条是重要的传统香药之一。宋代画家李唐画作《村医图》就是用写实的技法，描绘了村医给乡民艾灸治疗的场景。村医手持火绳引燃患者背上的艾炷，这不就是炷香的情形吗？

艾灸所用原料艾绒，为端午香囊主香药之一的艾叶所制。艾叶，俗名艾蒿，在《尔雅》中又称冰台、灸草，是一味在华夏民间流传数千年的原生常用香药。《诗经》王风·采葛中曰：“彼采葛兮，一日不见，如三月兮。彼采萧兮，一日不见，如三秋兮。彼采艾兮，一日不见，如三岁兮。”诗中借喻之物“葛”是织布的原料，“萧”则用于祭祀，“艾”为疗疾所用，应三岁时序，既可说明当时的诗作者已知陈艾功效，又借喻其可愈长久相思之苦。在《孟子·离娄篇》中也写道：“今之欲王者，犹七年之病求三年之艾也。苟为不畜，终身不得。”这里又是以陈艾为喻，不懂得积蓄，临用时则求之不得。

医书中以艾疗疾的最早记载为梁·陶弘景所著《名医别录》。该书中品卷二“艾叶”条目中载：“艾叶，味苦，微温，无毒，主灸百病。”对艾叶的采摘与炮制，《名医别录》也写道：“三月三日采，曝干，作煎，勿令见风。又，艾，生寒熟热。”

对艾叶药性的寒热温凉变化，李时珍在《本草纲目》详解：“凡用艾叶，须用陈久者，治令细软，谓之熟艾，若生艾灸火，则伤人肌脉。拣取净叶，扬去尘屑，入石臼内木杵捣熟，罗去渣滓，取白者再捣，至柔烂如绵为度，用时焙燥，则灸火得力。”关于生艾与熟艾之别和为什么艾灸要用陈艾，这些医家通过实践积累而来的经验值得我们用心继承。从诗书经典到医药典籍，对应起来看，上古之人哪怕是诗中引喻也追求引经据典，有凭可依，当下我们对传统文化的学习，如不扎扎实实追根溯源地系统学习，往往会误解、曲解，甚至是会错其意。无论是南怀瑾先生在《话说中庸》一书中所讲“以经注经、以史注经”的学习方法，还是我参照能阐法师讲经脉络总结的“依文解意、训诂正义、消文会意、践行

隔姜灸（岳桂竹 摄）

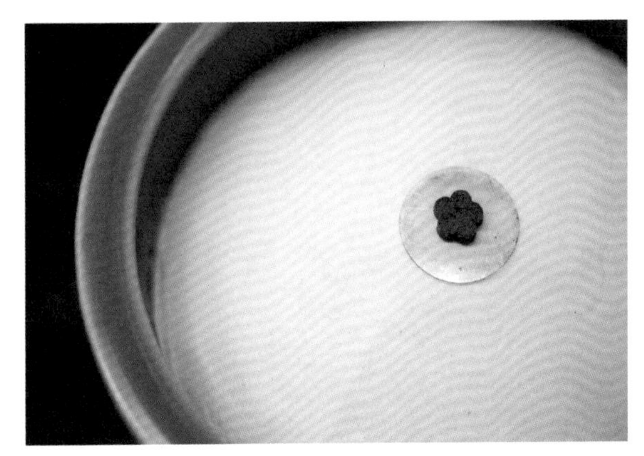

炷香饼（吴兆丰 摄）

达义"传统经典学习四个步骤，这皆是系统学习传统文化的正确方法与必经途径。

传统艾灸所用的艾绒制作是非常耗工费时的手艺，上品艾绒颜色为土黄或金黄色，艾绒柔软无杂质，灸火温而不燥，润能通经，气透肌肤，温阳祛寒，其烟则对空气中的病菌、病毒有杀灭作用，所以，艾灸对古人、对今人来说，都是物美价廉的家庭常用保健品。

艾绒除了做艾灸之用，古法书画印泥中也用到艾绒。美食家唐鲁孙先生曾写过《说古法印泥》一文，其中一段写到印泥用艾绒的做法更为繁复，有兴趣的读者可以找来一看，不再赘述。

清·徐灵胎编《神农本草经百种录》中道："香者气之正，正气盛，则自能除邪辟秽也。"《扁鹊心书》则曰："保命之法，灼艾第一。"中华传统香文化并不仅仅是精致生活的产物，而是健康生活的必需，这也就是中国香文化能够渗透于国人生活的方方面面，传承数千年历久弥新的原因所在。

除了艾灸，熏焚清凉花香也是大暑时节的消暑雅事，冬春时节所制的蜡梅香、梅花香、兰馨香此时正可派上用场。宋孝宗赵慎《赐灵隐住持德光》诗中云："大暑流金石，寒风结冻云。梅花香度远，自有一枝春。"厅堂中挂一幅《寒林图》，案上焚一炷梅花香，何需空调，心自清凉。

立秋·晒书熏香辟蠹鱼

秋入纱厨夏簟空，颓然瘦坐一衰翁。
声凉乱叶红蕉雨，香暗分丛紫菊风。
清境净缘惭独享，幽怀佳句与谁同。
平生垢习消磨尽，只有文章气吐虹。

——北宋·释德洪《立秋日偶书》

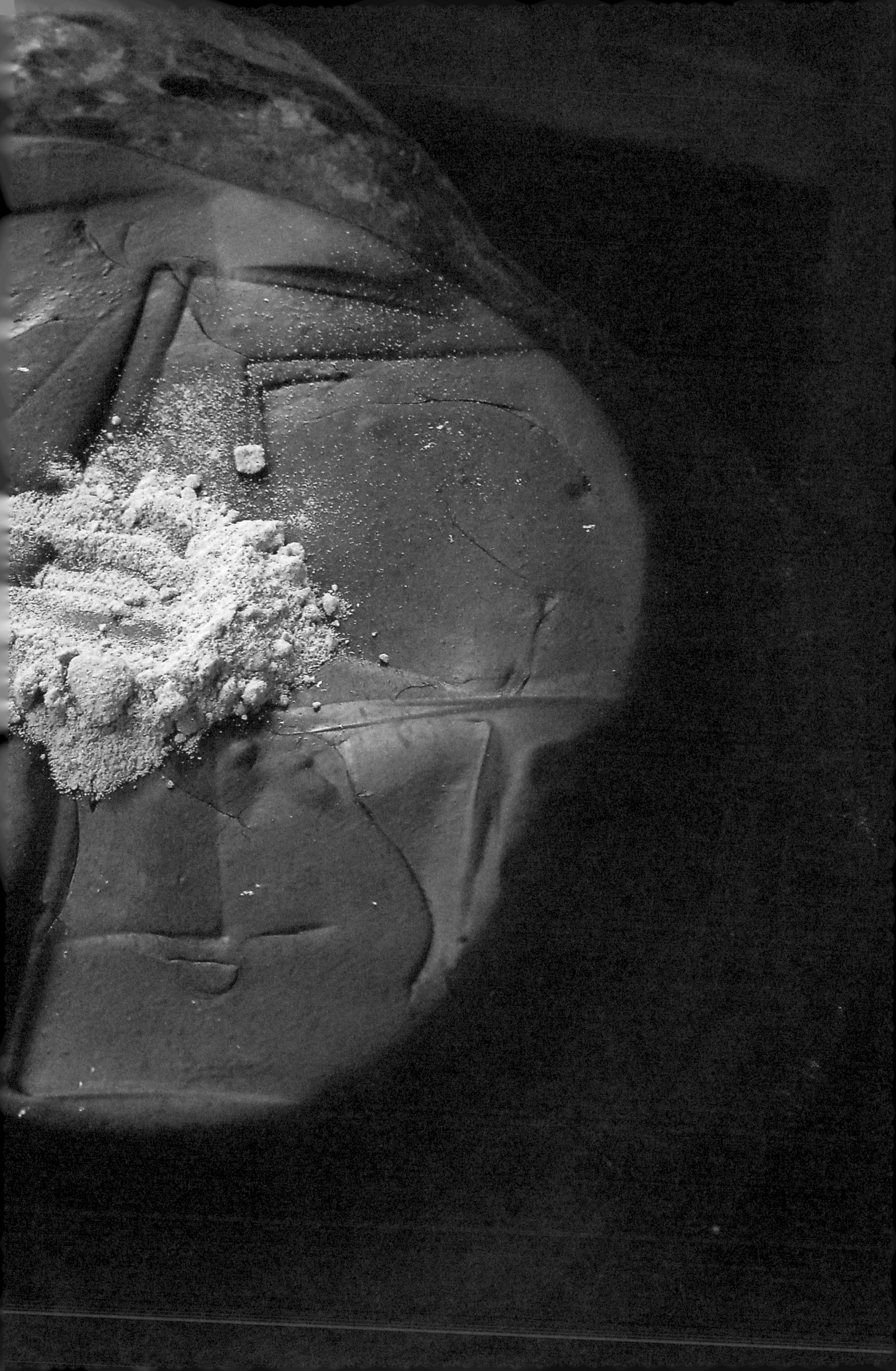

杵捣墨饼

墨饼入模

墨品描金

节气立秋为孟秋申月之节，所应天象是太阳到达黄经 135° 时，对地球的北半球所产生的能量影响变化节点，但这并不是气象学上所说的秋天，仍在暑热之中。所以，秋令六气中，孟秋申月立秋、处暑二气期间，天气一般还会比较炎热，可以说是酷暑的尾声。

清代戏剧家孔尚任在《节序同风录》中提到，农历六月天贶节要“暴晒衣裘、书画，免黴。晒燥入橱，拌以芸香或樟脑，辟蠹鱼”。进入中伏后，艳阳天多了，确实是晒衣、晒书的时节，晒好的衣物与书卷墨宝，须熏香防蛀，所以，防蠹鱼香成了立秋前后家用的日常。明代江南文人屠隆在《考槃余事》卷一“藏书”中也提道：“藏书于未梅雨之前，晒取极燥，入柜中以纸糊门，外及小缝，令不通风，盖蒸汽自外而入也，纳芸香、麝香、樟脑可以辟蠹。”虽然这段文字写的是梅雨之前的藏书细节，其实，在梅雨前后晒书、藏书已是历代藏书家很讲究的传统，所以才有那么多珍贵的历史古籍在民间保存至今。我的老师吴清先生每年都会为一些书画艺术机构或藏家做一些防蠹鱼香包，挂于衣橱书柜中，可免虫蛀。

在中国传统的文房四宝中，墨品里所掺入的香料其实也有此功能。海派文人追求精致，讲究用墨用纸，形成了曹素功、周虎臣海派笔墨传承。其中，曹素功墨锭就有闻之无味、磨墨飘香的特点，以研磨墨锭出来的墨汁书写墨宝，保存妥当的话，就很少有虫蛀现象发生。

第 122 页图中的墨品是徽墨艺人冯宜明先生所制《明墨集萃》中的一笏“桂子月中落，天香云外飘”。历代传承下来的墨品中，冠以香名的墨有许多，如“大国香”“龙香剂”“菊香膏”“苏合香墨”“麝香月”“一瓣香”“寒香”“京香墨”，等等。不仅是名字里有香，制墨原料中也确实需要掺入香药。据《香乘》“卷十香事分类（下）器具香”条目中“墨用香”记有：甘松、藿香、零陵香、白檀、丁香、龙脑、麝香、郁金、丹皮、芸香等，都是传统和香所用香药。

《明墨集萃•桂子月中落》墨（冯宜明 制墨）

附：宋·李孝美著《墨谱法式》卷下

油烟墨

桐油二十斤，大篦椀十余只，以麻合灯心旋旋入油八分，上以瓦盆盖之，看烟煤厚薄，于无风净屋内以鸡羽扫取，此二十斤可出煤一斤。秦皮二两，巴豆、黄蘗各一两，栀子仁、甘松香、陵零香各半两，皂角五挺，细槌碎，以水五升浸一宿，次日于银石器内慢火煮，至耗半，滤去滓，称取一斤，入胶四两，再熬化尽，退火放冷，经宿，旋旋入煤搜匀。

叙药

甘松、藿香、零陵香、白檀、丁香、龙脑、麝香碎胶煤气。欧阳通每书，其墨必古松之烟，末以麝香，方下笔。地榆、虎杖、卷柏、五倍子、丹参、黄连、黄芦、紫草、鬱金、茜根、黑豆、百药煎、蘓木、胡桃、青皮、草乌头、牡丹皮、棠梨叶、呵梨勒助色。段成式书云：棠梨所染，滋节多方；梨勒共和，周遮无湿。皂角除湿气。栀子仁、青黛去胶色。黄蘗研无声。川乌头胶力不劲。酸石榴皮砚中迟散。巴豆增肥，多则损光。碌矾如黑色，则败胶。朱砂益色。李白酬张司县歌：上党碧松烟，夷陵丹砂末，兰麝凝珍墨，精光乃可掇。

明沈继孙《墨法集要》“用药”条云：“用药之法，非惟增光、助色、取香而已，意在经久，使胶力不败，墨色不退，坚如犀石，莹泽丰腴，腻理可爱。此古人用药之妙也。药，有损有益，须知其由。”其香药中，丁香、檀香、龙脑皆有防霉、驱虫、防蛀的功能，芸香则是自古公认的防蠹鱼香药，文人藏书之处就有“芸台”雅称。宋代文人梅尧臣《和刁太傅新墅十题之二西斋》诗中云：“静节归来自结庐，稚川闲去亦多书。请君架上添芸草，莫遣中间有蠹鱼。”那么，辟蠹鱼的芸香是什么香呢?

零陵香

至今，香料学者们对古籍中的芸香到底是哪种香尚有争议。目前多数学者认为，芸香为芸香科芸香属多年生草本植物芸香（拉丁学名：Rutagraveolens L.）的全草，又名七里香、香草、芸香草、小香茅草、野芸香草、石灰草、臭草等，其根系发达，支根多，根皮淡硫黄色，茎基部为木质，植株高达 1 米，各部皆有浓烈特殊气味，有驱虫作用。但据说实验下来，驱虫防蛀效果并不明显。

也有些学者认为，禾本科香茅属的草本植物芸香草〔拉丁学名：Cymbopogon distans (Nees) Wats.〕也可能是古籍中记载的芸香。芸香草原产于地中海沿岸，汉代张骞出使西域时引入我国。

第三种说法认为是报春花科珍珠菜属植物灵香草（拉丁学名：Lysimachia foenum-graecum Hance），但灵香草又被认为是零陵香，别名七里香，与前述芸香重名，这就涉及古代香学典籍中零陵香与芸香的考辨问题。还有一种名为北芸香的植物〔拉丁学名：Haplophyllum dauricum (L.) G. Don〕，是芸香科、拟芸香属多年生宿根草本植物，作为畜牧饲料在北方种植，与香药相去甚远，但被误为香药芸香的图片在网络上广为传播。

所以，对于到底哪种芸香才是驱虫防蛀的芸香，莫衷一是。但古籍所载，芸香散发出的清香之气经年不散，能驱虫防蛀，古人常把芸香草夹在书中，书卷展开清香袭人，也无虫蛀，是收藏纸质书籍的首选香品，这是值得研究的一个话题。据试验来看，以樟脑、丁香、零陵香、花椒等组方的辟蠹鱼香囊对书籍防虫蛀是有效的。

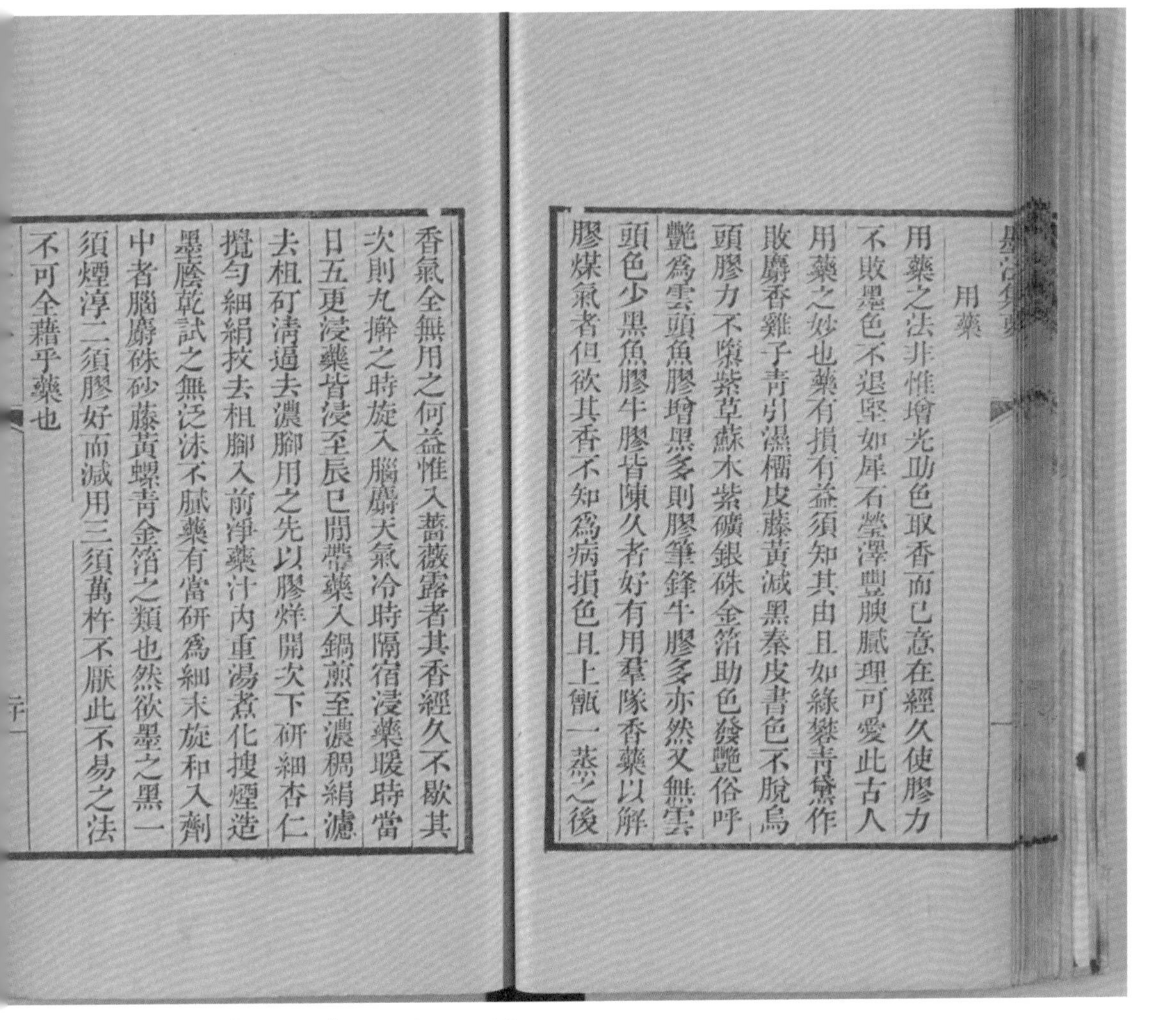
墨法集要

用藥

用藥之法非惟增光助色取香而已意在經久使膠力不敗墨色不退堅如犀石瑩澤豐腴膩理可愛此古人用藥之妙也藥有損有益須知其由且如綠礬青黛作敗麝香雞子青引濕榴皮藤黃減黑秦皮書色不脫烏頭膠力不隳紫草蘇木紫礦銀硃金箔助色發艷俗呼艷爲雲頭魚膠增黑多則膠筆鋒牛膠多亦然又無雲頭色少黑魚膠牛膠皆陳久者好有用羣隊香藥以解膠煤氣者但欲其香不知爲病損色且上甑一蒸之後香氣全無用之何益惟入薔薇露者其香經久不歇其次則丸擀之時旋入腦麝天氣冷時隔宿浸藥暖時當日五更浸藥皆浸至辰巳間帶藥入鍋煎至濃稠絹濾去粗可清過去濃腳用之先以膠烊開次下研細杏仁攪勻細絹拔去粗腳入前淨藥汁內重湯煮化搜煙造墨陰乾試之無泛沫不膩藥有當研爲細末旋和入劑中者腦麝硃砂藤黃螺青金箔之類也然欲墨之黑一須煙淳二須膠好而減用三須萬杵不厭此不易之法不可全藉乎藥也

二十一

《墨法集要》（明•沈继孙 撰）

从以香祭祀到以香熏衣、以香净室及以香入墨、入纸、入酒、入茶、入药……从寻常百姓到文人士夫，中华传统用香的文化渗入到了生活中的方方面面，可以说不了解中华香文化，就不了解中华传统文化。而江南传统文人香事，又是其中传承最系统、内涵最丰富的地域文化代表。“忠厚传家远，书香济世长。”如果家族追求成为书香门第，不了解一点传统香文化，总是有所欠缺的。

处暑·纤云弄巧赏鹊炉

捣麝筛檀入范模，润分薇露合鸡苏。
一丝吐出青烟细，半炷烧成玉箸粗。
道士每占经次第，佳人惟验绣工夫。
轩窗几席随宜用，不待高擎鹊尾炉。

——北宋·苏洵《香》

敦煌莫高窟第 57 窟：供养比丘　（孙志军 摄）

上：西周晚期鳞纹爵（上海博物馆 藏）
下：魏晋时期铜鹊尾炉（清禄书院 藏）

处暑，孟秋申月中气，自此始，暑气渐消，晨昏开始有点秋意了。

农历七月初七乞巧节是历史悠久的“七重”民俗节令之一，所谓七重节令即农历的正月正新春、二月二龙抬头、三月三上巳、五月五端阳、六月六天贶、七月七乞巧、九月九重阳。这七重节令，既代表着自然生命的轮转周期，也象征着人的生命成长周期。

七月初七是月逢七、日逢七，在《黄帝内经》中，认为“七”数是女性的生理周期之数，所以乞巧节又称女儿节。传统的乞巧节有坐巧、迎巧、祭巧、拜巧、娱巧、卜巧、送巧七个环节的活动，因此也称七巧节。一般从农历六月三十日晚上开始，一直持续到七月初七晚上结束，是持续时间最长的民俗活动之一。现在七月七民俗中，最流行的是牛郎织女七夕相会的传说，并演绎成中国情人节。实际上，古时情人节是上元节，即正月十五元宵节，而七夕更像是两地分居者的苦情节。

由牛郎织女七夕相会的传说产生出一个与香事有关的活动：香桥会。所谓香桥会，是在七夕前，用彩纸包裹线香，扎成一座巨大的、人可穿行于下的纸桥，以象征牛郎织女相会的鹊桥，七夕之夜时，会将香桥焚化，寓意着帮助牛郎织女双星团聚，并祈福家庭美满免遭灾厄，这已成为江浙一带的非遗民俗活动。

农历七月十五是道教的中元节。道教有“三元说”， 正月十五上元天官赐福，七月十五中元地官赦罪，十月十五下元水官解厄。中元节是祭祖报恩的节日，民间会在路边献祭，孔尚任在《节序同风录》中记载：“各家门外，沿路插香，曰路香，燃灯曰地灯。”沿路所插的路香为竹签香，即线香的早期形态，出现于元明之间，至今仍是寺庙宫观里最常见的拜拜香。

七月十五也是佛教的盂兰盆节，又称佛欢喜日。佛制戒律，僧团自农历四月十五日至七月十五日期间要结夏安居。七月十五日为解夏之日，僧众经此三个月精进修行，多有证悟，称此日为佛欢喜日，并以大目犍连尊者救拔堕入恶道的母亲为缘起，为解一切众生之倒悬，举办盂兰盆法会，超度历代宗亲及幽冥众生，中国佛教界将此日称为“僧宝节”，都会举办各种大型的超度和纪念法会。

无论是道教还是佛教，在各种大型宗教仪式中行香用的香炉，形制基本上如敦煌藏经洞所出土的北宋绢画《千手千眼观音图》中供养人像手里捧着的这柄焚燃着香丸的鹊尾炉。这种香炉专为行香而用，杯形香斗一侧接手柄，末端翻折向下如鹊尾，便于端放于案上，作为古代佛教的行香法器之一，通常认为是始见于南北朝，但敦煌莫高窟第 257 窟这幅须摩提女因缘图绘于北魏，图中手执鹊尾炉的供养菩萨是目前敦煌石窟中最早的执香炉形象。北大中国考古学研究中心林梅村教授和郝春阳博士在《鹊尾炉源流考》中认为，这种长柄手炉是由中亚犍陀罗高僧在公元前 1 世纪左右引入帕提亚手炉行香使用，至 5 世纪左右传入中国西北地区。到唐宋时，鹊尾炉已成为佛道通用的行香用炉。但若对比一下上海博物馆藏的西周晚期鳞纹爵，会不会发现鹊尾炉与其有几分相似呢？宋赵希鹄在《洞天清禄集·古钟鼎彝器辨》中写道：“古以萧艾达神明而不焚香，故无香炉。今所谓香炉，皆以古人宗庙祭器为之。爵炉则古之爵，狻猊炉则古踽足豆，香球则古之鬵，其等不一。”这爵炉会不会就是鹊尾炉的原型呢？

鹊尾炉这一形制的熏香器在敦煌壁画中十分常见，其流行的时间跨度也非常长。2001 年第 1 期《敦煌研究》刊载的王明珠先生的《定西地区博物馆藏长柄铜香炉——兼谈敦煌壁画的长柄香炉》一文，引用了 1990 年李力先生《从考古发现看莫高窟唐代壁画中的香炉》中的观点，认为“敦煌壁画中最早出现的这种柄香炉，是在西魏大统四、五年（公元 538、539 年）间建成的莫高窟第 285 窟，这是敦煌石窟中营造纪年最早的洞窟。此后，历北周、隋、唐、五代、宋，

敦煌莫高窟第257窟须摩提女因缘中的执熏炉供养菩萨，北魏（孙志军 摄）

徐睿雯行香

直至元代，各个时期都绘有这种香炉图像，大多是由供养菩萨和供养人手执的”。最早记载此类长柄香炉材质的敦煌文书是吐蕃统治敦煌时期的《龙兴寺卿赵石老脚下依蕃籍所附佛像、供养具并经目等数检点历》：“大铜度金四角香炉，花叶上有宝子三个。长柄铜香炉壹拾（丙），并香奁……金桐香炉一并木油香奁一。”在敦煌莫高窟第74窟佛弟子目犍连画像中，大目犍连尊者左手中所执鹊尾炉头向下垂，手中的炉盖里似有香丸，佛陀的手正欲从炉盖中捻取香丸，形象非常生动。宋陈元晋诗《上留提刑寿》中写到鹊尾炉曰：“展开南极老人图，是处青烟鹊尾炉。秋露九原沦厚泽，春风一道泳康衢。”

依据古籍相关记载和传世古画所绘形象来看，唐宋时期，鹊尾炉中一般是焚熏篆香或香丸、香饼。至明代以后，这类长柄手炉逐渐改为焚燃线香的香斗了。至今，在汉传寺院中还保留着完整的行香仪轨，大型水陆法会上仍可看到执香斗行香的仪式。这些宗教用香方式的仪范，唯有深入调查并系统学习与实践，方能真正领悟古德前贤器用仪轨之深意，开启鉴物审美之慧眼。

白露·秋梨熏染帐中香

凉秋八月白露寒，月明夜夜照阑干。
阑干十二房栊静，茜窗烛灺红绡冷。
宝帐香沈暮复朝，天涯归梦亦寥寥。
梦回冰簟罗巾湿，怅望江南长太息。
菱花菱叶不胜愁，秋水无情满江碧。

——清·左锡璇《忆大姊婉洵》

卷十四 三

黃熟香五兩篩焙乾煉蜜一兩拌浸一 龍麝各一錢

右爲細末煉蜜和勻磁器封窨二十日旋

爇之

江南李王帳中香

沉香一兩剉如壯大 蘇合油以不津磁器盛

右以香投油封浸百日爇之入薔薇水更

佳

又方一

沉香一兩剉如壯大 鵞梨一箇切碎取汁

右用銀器盛蒸三次梨汁乾即可爇

又方二

沉香四兩 檀香一兩 麝香一兩

蒼龍腦半兩 馬牙香一分研

右細剉不用羅煉蜜拌和燒之

又方補遺

沉香末一兩 檀香末一錢 鵝梨十枚

右以鵝梨刻去穰核如甕子狀入香末仍

將梨頂簽蓋蒸三溜去梨皮研和令勻久

香乘

如果你有晨练的习惯，一早出门会明显感觉到气温凉下来了。仲秋酉月之节白露已至，“白露身不露，早晚长叮咛”，对我们这些生活在空调环境中的人来说，节气的感受虽不明显，但保健常识还是应注意讲究。

若以传统的气候五行来说，秋属金，气偏燥，肺当令，应季果蔬中，正是秋梨上市之时，古人的香事生活中，此时正是做鹅梨帐中香的好时节。

“鹅梨帐中香”这个名字相信很多读者并不陌生，明代周嘉胄《香乘》中记载：“江南李后主帐中香法，以鹅梨蒸沉香用之，号鹅梨香。”民国许慕羲《宋代宫闱史》第三十四回中也提及“小周后秘制帐中香”，但古籍文献中多以江南李后主帐中香称之。在电视剧《甄嬛传》热播后，此香即在香圈流行起来，网络上可以找到很多人试做此香的文章和带货的香品。

在宋陈敬《陈氏香谱》《新纂香谱》和周嘉胄《香乘》中所载李后主帐中香的传世香方有四个，虽略有出入，但大同小异，下面依《香乘》所载“江南李王帐中香”录之。

附：《香乘》卷十四 法和众妙香——江南李王帐中香

其一：沉香一两剉如炷大，苏合油以不津瓷器盛。右以香投油，封浸百日，爇之，入蔷薇水更佳。

蒸鹅梨（吴兆丰 摄）

海南文昌鸡母虫漏（陆晨 藏）

其二：沉香一两剉如炷大，鹅梨一个切碎取汁。右用银器盛，蒸三次，梨汁干即可爇。

其三：沉香四两，檀香一两，麝香一两，苍龙脑半两，马牙香一分研。右细剉，不用罗，炼蜜拌和烧之。

其四：沉香末一两，檀香末一钱，鹅梨十枚。右以鹅梨刻去瓤核，如瓮子状，入香末仍将梨顶签盖，蒸三溜，去梨皮，研和令匀，久窨可爇。

上述四个香方中，除第一方中的苏合香油，第三方中的麝香、龙脑、马牙香置办略有难度，现在少有人试，第二、四方制作非常简单。对于鹅梨是什么梨，网上还有不少争议和考证的文章。我的老师吴清先生曾买了在上海能买到的各种梨，逐一试过后认为，鹅梨即鸭梨，用鸭梨蒸制出来的沉香香气最佳。

香方中的沉香应选用海南的沉水香，为瑞香科植物白木香，而非印尼、马来西亚所产的鹰木系沉香。沉香的产区大致可分为以印尼、马来西亚、菲律宾为主产区的鹰木香，以中南半岛越南、缅甸、老挝、柬埔寨为主产区的蜜香，以海南、香港、广东、广西、云南为主产区的白木香，这三大味系的产区。其中海南沉香自古被誉为“百昌之首，备物之先，一片万钱，冠绝天下”。丁谓为其写下了著名的《天香传》，最早对海南沉香进行分类定级为“四名二十状”，并条分缕析其优劣曰：“香之类有四：曰沉，曰栈，曰生结，曰黄熟。其为状也，十有二，沉香得其八焉。”四名十二状，皆出一自一木。其名，是对沉香的分级，共分为四个品级。状，是从外观来分类：“曰乌文格，曰黄蜡，曰牛目、牛角、牛蹄、雉头、洎髀、若骨。自牛目以下，土人别曰：牛眼、牛角、牛蹄、鸡头、鸡腿、鸡骨。”以上为沉香类，共分了八状。栈香类中，有昆仑梅格和虫镂等

沉香山子賦 子由生日作　蘇軾
古者以芸爲香以蘭爲芬以鬱鬯爲祼以脂
蕭爲焚以椒爲塗以蕙爲薰杜衡帶屈菖蒲
薦文麝多忌而本羶蘇合若香而實葷嗟吾
知之幾何爲方入之所分方根塵之起滅常
顛倒其夫君每求似於髣髴或鼻勞而妄聞
獨沉水爲近正可以配薝蔔而並云矧儋崖
之異産實超然而不羣既金堅而玉潤亦鶴
骨而龍筋惟膏液而内足故把握而兼斤顧
占城之枯朽宜爨釜而燎蚊宛彼小山巉然
可忻如太華之倚天象小姑之插雲往壽子
之生朝以寫我之老懃子方面壁以終日豈
亦歸田而自耘幸置此於几席養幽芳於帨
帉無一往之發烈有無窮之氤氳盖非獨以
飲東坡之壽亦所以食黎人之芹
卷二十八　十四

上：海南生结树心虫漏黑棋楠（李胜 藏）
中：海南黎母山生结包头紫棋楠（陆晨 藏）
下：海南熟结包头黄棋楠（陆晨 藏）

二状。黄熟香，分为伞竹格与茅叶二状。生结香，有鹧鸪斑一状。苏轼《沉香山子赋》中形容海南沉香为“儋崖之异产，实超然而不群。既金坚而玉润，亦鹤骨而龙筋。惟膏液之内足，故把握而兼斤。顾占城之枯朽，宜爨釜而燎蚊。”蔡绦的《铁围山丛谈》卷六中写到海南沉香冠绝天下，一片万钱：“大凡沉水、婆菜、笺香，此三名常出于一种，而每自高下，其品类名号为多尔，不谓沉水、婆菜、笺香各别香种也。三者其产占城国则不若真腊国，真腊国则不若海南，诸黎洞又皆不若万安、吉阳两军之间黎母山。至是为冠绝天下之香，无能及之矣。又海北则有高、化二郡，亦出香，然无是三者之别，第为一种，类笺之上者。吾久处夷中，厌闻沉水香，况迩者贵游取之，多海南真水沉，一星直一万，居贫贱，安得之？”从上述古籍记载的沉香命名来看，帐中香所用的沉香，应为品级最高的沉水香，但在今天来看，那是相当奢侈的事情了，但起码要用气味清淑的海南或越南的沉香才符合帐中香的气味审美取向。再从助眠安养角度说，如清初医家张璐《本经逢原》中道：“沉水香专于化气，诸气郁结不伸者宜之。温而不燥，行而不泄，扶脾达肾，摄火归原。”扶脾达肾，摄火归原，仍非沉水香莫属，高濂《遵生八笺》“燕闲清赏笺·香方”中所云：“制合之法，贵得料精，则香馥而味有余韵，识嗅味者，知所择焉可也。”诚斯言哉。

香方二为榨梨取汁，香方四为整梨挖核后入香粉直接蒸。现在通常的做法是将两方折中的简化版，将鸭梨切去顶部挖去梨芯内核和大部分梨肉，预先把沉香末、檀香末混合好，塞入梨芯中，再将梨顶部盖回并用牙签插住，放入笼屉蒸透以后，待稍凉即可将梨皮剥掉，梨肉连同其中的香末一起捣和均匀，捏做香饼香丸均可。特别要注意的是，梨肉不可留多，香泥不要太湿，否则难以捏合为香丸或压成香饼。

秋梨润燥养肺，沉香温中行气，扶脾达肾，摄火归原。白露秋凉之时，恰值秋梨上市之际，自制点鹅梨帐中香熏爇，其香温婉，气息入肺，润燥养身，可谓一举多得的文玩雅趣之事。

秋分·中秋拜月木犀香

芝草琅玕遍石田，采英撷秀入芳筵。
白鱼斫鲙明于雪，绿蚁倾樽吸似川。
潭底行云秋共迥，檐间高树月初悬。
山僧醉说无生法，金粟天花落满前。

——元·于立《玉山草堂以冰衡玉壶悬清秋分韵得悬字》

《拜月图》（谢之光 绘）

秋令六气中的秋分是仲秋酉月中气，也是二十四节气中最重要的四时八节之一。这一天，阴阳气均，日夜等长，是秋令之中，收获之节。“春分祭日，夏至祭地，秋分祭月，冬至祭天。”秋分还是古时重要的祭祀时节之一，在民间风俗中则流传着中秋拜月的传统。

这幅近现代以老上海月份牌广告画而驰名的海派画家谢之光先生所绘《拜月图》，画中仕女左手握香合，右手似乎刚捻香丸入香炉炷香，香几上一炉一瓶，与仕女手中香合刚好是一套传统香事器具“炉瓶三事”的组合，这也说明了直至近代，中华传统香事文化仍在江南部分文人、画家中传承着，这幅作品中的用香细节，也打破了当下香文化圈中所认为的中华传统香文化已经失传的说法。

中秋佳节焚香拜月，这不仅是民间风俗，也是中国画中的常见题材。古今流传下来的各种拜月图画中，焚香是必不可少的元素，而香器具则可繁可简，但通常的标配是“炉瓶三事”，即一个香炉、一只香合、一只筯瓶，瓶中插一副香筯一柄香匙。最简单的陈设是只摆放一个香炉，亦很常见。

拜月用香首选当数木犀香。木犀即桂花〔拉丁学名：Osmanthus fragrans (Thunb.) Lour.〕，又名岩桂，系木犀科常绿灌木或小乔木，以其木质纹理似犀角得名。《中国植物志》在命名上遵循了优先权原则，选择更早使用的“木犀”作为正名，但按现行文字书写规范，“木樨”已成为通行的正确写法了。

桂花是农历仲秋八月的当令花木。宋代张敏叔所撰“名花十二客”中，封桂花为“仙客”。成语“蟾宫折桂”就以自月宫中折取桂花一枝而喻科举中的。

苏州留园闻木樨香轩

传说月亮上的广寒宫中有一株由爱恋天女嫦娥的凡夫吴刚以心血化生出的桂花树，因这越界之爱违反天规，玉皇惩罚吴刚入月宫中，每天砍伐这株桂树至伐倒为止。每砍一刀，吴刚则心痛无比，但只要吴刚对嫦娥的爱忠贞不渝，这株桂树就不会被伐倒，所以桂花的花语象征着贞洁与崇高。宋代诗人王十朋的绝句《双桂》云："先人植双桂，馨德满吾庐。不老儿孙长，联芳合似渠。"诗中以双桂喻家族传承品德之馨香，这是古代庭院绿植的经典格局，在庭院门前左右分别栽种一株金桂一株银桂，象征着德馨远播富贵吉祥，称"双桂当庭"。桂花仲秋绽放，花如粟米，香气清甜，又称金粟、秋香。明代周嘉胄所著《香乘》卷九"香事分类"中木樨香条释："木樨香，采花阴干以合香甚奇，方载十八卷内。"在佛教禅宗灯录《五灯会元》卷十七中，还记载了自称有"香癖"的宋代文人黄庭坚一则"晦堂木樨香"的悟道公案。苏州著名古典园林留园的中心水池西侧，有一"闻木樨香轩"，即是以黄庭坚闻木樨香悟道公案为典故而建。在上海也有一处园林以桂花而闻名，即是位于桂林路漕宝路口的桂林公园，他的创建者与黄庭坚同姓，是近代上海滩风云人物黄金荣。桂林公园中栽培了二十余个品种的桂花树一千余株，从桂林公园南门进园，步道尽头即是问香亭，当是桂林公园里的品香佳处，只可惜问香亭目前并未开放。

作为传统节日的八月十五中秋节是团圆节，以木樨香来拜月焚香，可谓"月中桂、花中桂、香中桂"一香三喻：情长久，人长安，家美满。

关于木樨香的做法，在《香乘》卷十八"凝合花香"中录有木樨香方八个，卷廿四"墨娥小录香谱"中录有藏木樨花的方法和木樨印香方一个、木樨香珠方一个，对此香有兴趣并且动手能力强的朋友可参考古籍所载香方一试。

附：辑《香乘》木犀香方

木犀香一

降真一两，檀香一钱（另为末作缠），腊茶半銙（碎）。先以纱囊盛降真香与腊茶同置于瓷器内，用新净器盛鹅梨汁倒入，浸泡二宿至腊茶软透，弃去茶不用，拌入檀香末，窨，烧。

木犀香二

采木犀未开者以生蜜拌匀，不可蜜多，压实，捺入瓷器中，地坎埋，窨日久愈奇，取出于乳钵内研细，拍作饼子，油单纸裹收，逐旋取烧。采花时不得犯手，剪取为妙。

木犀香三

日未出时，乘露采取岩桂花，含蕊开及三四分者不拘多少，炼蜜候冷拌和，以温润为度，紧入不津瓷罐中，以蜡纸密封罐口，掘地深三尺，窨一月，银叶衬烧。花大开无香。

木犀香四

五更初，以竹筋取岩花未开蕊不拘多少，先以瓶底入檀香少许，方以花蕊入瓶，候满花，龙脑糁花上，皂纱幕瓶口置空所，日收夜露四五次，少用生熟蜜相拌，浇瓶中，蜡纸封，窨，烧如法。

木犀香（新纂香谱）

沉香半两，檀香半两，茅香一两，前述为末，以半开桂花十二两，择去蒂，研成泥，溲作剂，入石臼杵千百下即出，当风阴干，烧之。

吴彦庄木犀香（武冈公库方）

沉香半两，檀香二钱五分，丁香十五粒，龙脑少许（另研），金颜香（另研，不用亦可），麝香少许（茶清研），木犀花五钱（已开未披者，次入脑、麝同研如泥）。以少许薄面糊入所研三物中，同前四物和剂，范为小饼，窨干，如常法爇之。

桂花香

用桂蕊将放者，捣烂去汁，加冬青子，亦捣烂去汁存渣，和桂花合一处作剂，当风处阴干，用玉版蒸，俨是桂香甚有幽致。

桂枝香

沉香、降真香等分。皆劈碎，以水浸香上一指，蒸干，为末，蜜剂，烧之。

寒露·晨露生寒宜蒸香

官署夜方寂，幽林生月初。
闲居秋意远，花香寒露濡。
故国异时节，欲归怀简书。
聊从西轩卧，尘思一萧疏。

——南宋·朱熹《同安官舍夜作二首》其一

降真香

山空木落，秋清露寒。当一岁气运行至寒露，秋令也近尾声了。寒露，秋令六气中第五气，季秋戌月之节。此时，木犀香谢，秋菊初绽，晨露生寒。居家生活用香宜清润温和，祛风散寒之香，吴清先生所著《廿四香笺》中寒露瑞和香，是非常应气的一款传统和香。

瑞和香方出自明代周嘉胄所著《香乘》卷廿三“晦斋香谱”中，配方为：金沙降、檀香、丁香、茅香、零陵香、乳香各一两，藿香二钱。以上香药研为末，炼蜜和剂作饼焚之。

香方中的金沙降即降真香，是道教香方中的重要香药之一，色深紫红，又称紫藤香，有祛秽化浊、活血祛风之效。汉代《仙传》记载，以降真香“拌和诸香，烧烟直上，感引鹤降。醮星辰，烧此香为第一”，但降真香油脂含量非常高，需要炮炙除油才能入香。

檀香即印度白檀，又称旃檀，是佛教用香中的主要香料之一，亦有散风祛邪之效。而季秋时节，寒热相争，燥风带寒，确实需要注意避风祛邪，瑞和香两味主要的木本类香药都具有祛风散邪之功用。

香方中的丁香为丁香花之蕊，即公丁香，又称丁子香，也是制作蜜饯的主要调味料之一，功效是温中健胃。茅香因其品类繁多，和香所用的茅香到底是哪种，长期以来颇有争议，吴清先生在《廿四香笺》中认为，以夏季采收的当年柠檬香茅入香，符合明代和香用香茅的传统做法，具有清热凉血之效。零陵香异名颇多，产地与品种也存争议，先生认为，产于两广云贵一带的报春花科珍珠菜属灵香草比较符合古人的香药选用。它具有健胃、发汗、止痛之效，是治疗伤风感冒、腹痛、湿疹的良药，还可提炼香精，作为配制高级香水、香皂、牙膏和饮料的原料，有增香、防腐、保色、防虫的作用。藿香所用为藿香叶，以产自广东石牌的广藿香叶为最佳。

香方所用乳香为外来进口香药，有活血行气止痛之功效，是由橄榄科植物乳香木所产含有挥发油的香味树脂凝结而成，是世界各国常用的名贵香料之一。主要产于阿拉伯半岛、非洲、印度等地，以阿曼绿乳为佳。

瑞和香饼方须炼蜜和合，炼蜜之老嫩完全凭经验来拿捏火候，太老则蜜硬而难合，太嫩则香饼容易发霉。

此香方中并无沉香、龙涎、麝香之类的名贵香料，香气古朴典雅，又有肃穆庄严之韵味，最宜文人书房秋冬之交的日常用香。《晦斋香谱》序中言："一草一木乃夺乾坤之秀气，一杆一花皆受日月之精华，故其灵根结秀品类靡同。但焚香者要谙味之清浊，辨香之轻重，迩则为香，迥则为馨。真洁者可达穹苍，混杂者堪供赏玩。琴台书几最宜柏子沉檀，酒宴花亭不禁龙涎栈乳，故谚语云：焚香挂画未宜俗家，诚斯言也。"

秋令六气的物候特征是由湿热向燥风带凉的变化过程，用香方式上要注意针对气候变化而时时调整。清初遗民董若雨作于 1651 年的《非烟香法》中认为，

茅香

焚香之法偏燥且俗，他创制了以鬲蒸香的方法：“蒸香之鬲，高一寸二分，六分其鬲之高。以其一为之足，倍其足之高以为耳，三足双耳，银薄如纸。使鬲坐烈火，滴水平盈，其声如洪波急涛，或如笙簧。以香屑投之，气游清冷，氤氲太元，沉默简远，历落自然，藏神纳用，消煤灭烟，故名其香曰非烟之香，其鼎曰非烟之鼎，然所以遣恒香也。若遇奇香异等，必有蒸香之格。格以铜丝交错为窗爻状，裁足幂鬲，水泛鬲中引气转静。若香材旷绝上上，又撤格而用簟蒸香，簟式密织铜丝如簟，方二寸许，约束热性，汤不沸扬，香尤杳幂清澈耳。”这近似于现在家庭中，在加湿器的水中加入香

非煙香法

烏程董說若雨著

皖然立非煙之法於天下可以翼聖學東西至日月所出入其閒動物有靈無非聖人者也人人皆爲神聖而後盡人之性百草木皆爲與香而後盡草木之性證聖之學六經是也六經非能使人聖也證香之方非煙是也非煙非能使草木香也故曰可以翼聖學黃鍾蔽六律荒余作律呂發考喉舌濁清之候定六十自然之音

昭代叢書 別集 非煙香法 卷三十九 一 世楷堂藏板

而人或未悟易學自秦漢無統矣余數年前幸稍窺見出震門戶卦律剛輪乃作易發古聖幽微澄若九秋之天而人或未悟律之不易悟者絲竹因人也易之不易悟者河洛不言也今非煙香法證百草木之無非香者風莖露葉指摘可徵繁非若絲竹與非若河洛也學者撥灰立悟矣故曰可以翼聖學鵲鴣生題

非煙香記

六經無焚香之文三代無焚香之器古者焚蕭以達神明爾雅蕭荻似白蒿莖麤科生有香氣祭祀以脂爇之詩曰取蕭祭脂郊特牲云既奠然後焫蕭合羶薌是也凡祭灌鬯求諸陰焫蕭求諸陽見以蕭光以報氣也加以鬱鬯以報魄也故古制字者香取諸黍稷馨香說文香芳也從黍從甘會意魏氏以爲從黍從鼻以香從黍故古之香非旃檀水沉人間寶鼎皆商周宗廟祭器而世以之焚香然余以爲焚蕭不焚香古太質不可復焚香不蒸香俗太躁不可不革蒸香之鬲高一寸二分六分其鬲之高以其一爲之足

昭代叢書 別集 非煙香法 卷三十九 二 世楷堂藏板

倍其足之高以爲耳三足雙耳銀薄如紙使鬲坐烈火滴水平盈其聲如洪波急濤或如笙簧以香屑投之遊氣清冷絪緼太元沉默簡遠歷落自然藏神納用銷煤滅煙故名其香曰非煙之香其鼎曰非煙之鼎然所以遺恒香也若遇奇香異等必有蒸香之格格以銅絲交錯爲窻爻狀裁足羃鬲水泛鬲中引氣轉靜若香材曠絕上上又徹格而用簟蒸香簟式密織銅絲如簟方二寸許約束熱性湯不沸揚香尤杳冥清徹矣余非獨焚香之器異于人也余囊中有振

氛精油改善环境香氛的方式，只不过他是用天然的香料粉末撒于沸汤中熏，加湿器是滴入香料精油，只要是天然香料萃取的精油，在季秋干燥的时节还是值得一用的熏香方式。清代沈复著《浮生六记》卷二“闲情记趣”中也有关于蒸香的记录：“静室焚香，闲中雅趣。芸尝以沉速等香，于饭镬蒸透，在炉上设一铜丝架，离火中寸许，徐徐烘之，其香幽韵而无烟。”

季秋时节，香橼、佛手陆续上市，它也是文房清供中的独特香品。明代高濂在《遵生八笺》起居安乐笺中曰：“香橼出时，山斋最要一事。得官哥二窑大盘，或青东磁龙泉盘，古铜青绿旧盘，宣德暗花白盘，苏麻尼青盘，朱砂红盘，青花盘，白盘，数种以大为妙，每盘置橼廿四头，或十二三者，方足香味，满室清芬。”《浮生六记》中也写道：“佛手忌醉鼻嗅，嗅则易烂；木瓜忌出汗，汗出，用水洗之；惟香橼无忌。佛手、木瓜亦有供法，不能笔宣。每有入将供妥者随手取嗅，随手置之，即不知供法者也。”这里所写的木瓜并不是大家平时吃的水果番木瓜，而是一种具观赏性和药用价值的皱皮木瓜，属蔷薇科木瓜属落叶灌木，每年九十月间结果，与食用木瓜略形似，带有淡淡的芳香，但并不能食用，可入药，味酸，性温，归肝、脾经，具舒筋活络、和胃化湿、祛风散寒之效。文震亨《长物志》卷二“花木”中写道：“木瓜花似海棠，故亦称木瓜海棠。但木瓜花在叶先，海棠花在叶后，为差别耳。”故别称贴梗海棠、铁脚梨，以安徽宣城所产为佳，又称宣木瓜，它与香橼、佛手一道，并称为秋冬时节旧时文人案头的一剂愈俗良药。

缘何？香清。

霜降·傲气迎霜清神香

篱边准拟嗅清香，菊蕊真同佛面妆。
屈指重阳能几许，夜来寒露已为霜。

——宋·郭印《秋日即事八首》其四

《隐居十六观》之七 （明•陈洪绶 绘）

从寒露到霜降是秋三月气候变化最明显的时节，作为季秋戌月中气的霜降，正是秋令结束冬令开始的象征。这一时段，对身心的调养是十分重要的，就如同屈原《九章・之七》中曰："何芳草之早殀兮，微霜降而下戒。"这两句意思是，为什么芳草会早早枯死呢？为避免早夭，在微霜初降之时就要警惕着来保护这些芳草。一般来说，霜降前后，园林技师们就开始对不耐寒的植物采取御寒保护的措施了，对人的身心调养也应如此。这时节，正值秋菊绽放之际，也是采菊制香佳时，秋菊香则应偏向于身心平衡调养之所需。

这幅明代画家陈洪绶所绘《隐居十六观》图册之七杖菊图局部，画中陶令虬杖一根，纵游山水，杖头束菊，清淑香气伴行。陶令即人们对东晋文学家、田园诗派创始人陶渊明的尊称。陶渊明，字元亮，晚年更名潜，别号五柳先生。他曾在彭泽县令任内仅八十余天即辞官归隐，后世称其为陶令，为隐逸诗人之宗。宋明理学开山鼻祖周敦颐在《爱莲说》开篇即写道："水陆草木之花，可爱者甚蕃。晋陶渊明独爱菊。"又写道，"予谓菊，花之隐逸者也……菊之爱，陶后鲜有闻"。民间将"梅之骨气，兰之香气，竹之节气，菊之傲气"人格化为国花四君子，并以其寓春夏秋冬四时和人生之四季。秋菊作为四君子之一，象征着隐士之傲气。宋代词家王十朋《点绛唇・十八香》中，将冷菊香喻作"傲士"，其香气清

川芎

淑中略带苦涩，有疏风、平肝之功，嗅之对感冒、头痛有辅助治疗之效，对应秋令收敛、冬令潜藏的岁时气运。

《香乘》卷十四“法和众妙香一”中录有一清神湿香方：“芎须半两，藁本半两，羌活半两，独活半两，甘菊半两，麝香少许。前述香药研为末，炼蜜和剂，作饼爇之，可瘉头风。”这是一具有辅疗作用的药香方。香方中的芎须为中药川芎的根须，气上行，可引清阳之气而止头痛。藁本可祛风、散寒、除湿，常用于风寒感冒、巅顶疼痛、风湿肢节痹痛。羌活能发散风寒，祛风止痛。独活祛风胜湿，通痹止痛。甘菊可清热祛湿，能除大热，止头痛晕眩，收眼泪翳膜，明目有神，除烦解燥。麝香化阳通腠理，能引药透达，有开窍、辟秽、通络、散瘀之效。由此看来，清神湿香正是适合秋冬之际使用的一款祛风散郁防头痛的清神药香方。

《香乘》卷十七“法和众妙香四”中还录一仙萸香方：“甘菊蕊一两；檀香一两；零陵香一两；白芷一两；脑麝各少许，乳钵研。前述香药研为末，以梨汁和剂，捻作饼子曝干。”此香方以甘菊蕊、檀香、零陵香、白芷为主香，以龙脑和麝香为香引，以梨汁和剂，香气中既有甘菊之清苦，又有檀香浓郁的奶香，零陵甘温，白芷辛温，脑麝腥凉，梨汁芳甜，辛温甘苦凉五气平衡，又带着出尘之清气，霜降之时焚熏甚适宜。

“径菊香秋晚，溪梅约岁寒。人间幽意足，诗思倚栏杆。”宋代诗人吴锡畴这首《山居寂寥忆秋崖》描绘了山间隐居的生活写意，菊香是隐逸生活中不可或缺的傲气之象征，对居住在都市丛林中缺乏山野之气涵养的我们，也该多嗅嗅菊香提提神了。

立冬·松下设席斗名香

细雨生寒未有霜，庭前木叶半青黄。
小春此去无多日，何处梅花一绽香。

——元·仇远《立冬即事二首》其一

左上：战国晚期•云纹鼎（上海博物馆 藏）
右上：南宋•铜团花纹三足鼎式炉（清禄书院 藏）
左中：西周懿王•师虎簋（上海博物馆 藏）
右中：明•铜镏金鱼子地香草夔龙纹双龙耳簋式炉，底镏金錾刻“云间胡文明”款（清禄书院 藏）
左下：西周晚期•芮公鼎（上海博物馆 藏）
右下：南宋•江西赣州窑黑釉三足鬲式炉（清禄书院 藏）

节气立冬为孟冬亥月之节，意味着由此刻起进入节气上的冬令，但对于自然环境的温差变化来说，黄河流域已迎来瑟瑟寒风，而江南仍会有半月秋末的氛围，可以抓住金秋的尾巴在野外享受秋色之美。

清代孔尚任在《节序同风录》立冬篇中写道：“松下陈古鼎宣炉，焚檀、降、沉、苏、栈、生、黄熟、牙速、伽南、安息、唵叭、脑片、宫制各种名香，集幽人为试香会，比试优劣，曰斗香。制法、焚法、器具皆载《香谱》。闺阁士女看香戏，其法有狻猊香、玉兔香，口喷五色云气，焚完，灰如黄金、如白玉、立坐不仆。又有金蝉吐焰、白云归洞、球子香、楼阁香、百岁团圆、鹤飞鸾舞、烟结篆字，各种巧思，载之《香谱》，可依方制用也。”这当是古人在一年之中最盛大的香事活动了。

孔尚任所记载的试香会中所用香器具为古鼎宣炉，为汉代以前的古铜器物。宋代赵希鹄在《洞天清禄集》“香炉”条目中写道：“古以萧艾达神明而不焚香，故无香炉，今所谓香炉，皆以古人宗庙祭器为之，爵炉则古之爵，狻猊炉则古踽足豆，香球则古之鬶，其等不一，或有新铸而象古为之者，惟博山炉乃汉太子宫所用者，香炉之制始于此，亦有伪者，当以物色辨之。”这对传统焚香器具尚古的缘由做了很好的解释。明代陶挺辑录的《说郛续》中录有宁献王朱权著《焚香七要》一卷，对中华香事器具范式做了细致的归纳，这在前文大寒节气时已经做了详细的介绍。晚明盛行的文人品香活动中，只手盈握的瓷质鬲式、

品香流程：备炭、置香、候香、品香

樽式品香炉已成为香席上的主角。理想的品香炉应该是什么样子呢？刘良佑先生在《香学会典》中认为：“理想的品香炉，其大小应在一握之间，太大太重和太小，都不好用。其次，炉颈要高。香气上升时，有 1 ~ 1.5 厘米的空间才到炉口，如此，则香气和氧分子的结合才能稳定。一般而言，炉大灰松，则火力快而猛；炉窄灰紧，则火力柔而长。”以我个人的品香体会来说，用炉颈长的鬲式炉品香，还有一个好处就是香气纯净无炭味，这是其他器形所难以超越的优势。

香炉也需要养。养香炉与养紫砂壶相似之处在于，紫砂壶是因其泥料的双重气孔结构可以滤掉杂味使茶汤更醇厚；品香炉中的香灰容易吸附香气，所以需要以同一种香来养，久而久之，灰中下炭就会有清香发散，这样的香灰就可称其为灵灰。若一炉而品多种香，则香灰的气味就会杂而不纯，为香家所忌。

上图即为品香的流程细节图。炉型为鬲式炉，炉内堆香灰如小山状，在灰堆顶部开小孔埋香炭入灰，隔灰在顶部放上比芝麻粒大一至两倍的香品薄片，随着香炭的热量释放，香片的香气也渐渐挥发，品香者手握香炉颈部，以炉凑鼻，品闻香气，可品鉴香品优劣，亦可在品香过程中享受到香气对身心情绪的舒缓和调适作用，并调动艺文创作的冲动，这即是香席品香的价值。

斗香斗的是什么？斗的是一款香所营造出的气味情绪与五味审美。首先品赏和香的写实之美，其次是品赏沉香的格调之美，最终还是以和香的抽象韵味

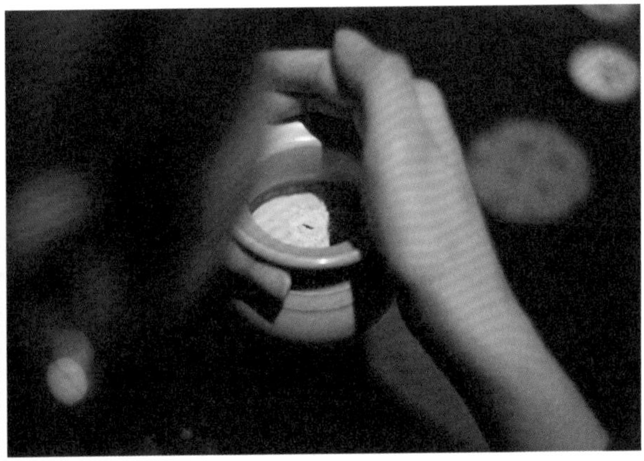

之美来体现制香家的艺术境界。

孔尚任前文中记载的试香会中常用香品“檀、降、沉、苏、栈、生、黄熟、牙速、伽南、安息、唵叭、脑片”，分别是檀香、降真香、沉香、苏合香。其中的栈香、生香、黄熟香、牙速香则是沉香的品级类型细分，伽南香为沉香中的极品；安息香为安息树的树脂；唵叭香，一种观点认为是来自阿拉伯人所制的和香品种，还有一种观点认为是龙涎香的音译；脑片即龙脑香，为印尼苏门答腊龙脑树的树脂。在现今的香席品香主角一般都是沉香。

沉香自宋代起就是文人香事中的主角，海南沉香则是中国历史上唯一的自宋以来上自皇亲贵胄，下至僧俗隐士所公认的奢侈品。宋代丁谓在《天香传》中将海南沉香的品类概括为四名十二状。范成大在《桂海虞衡志》“志香”中道：“大抵海南香，气皆清淑，如莲花、梅英、鹅梨、蜜脾之类。焚一博投许，氛翳弥室，翻之，四面悉香。至煤烬气不焦，此海南香之辨也。”其所言“莲花、梅英、鹅梨、蜜脾”借物而拟人，将海南香气味之美喻文人孤高自爱、济世立德之人格魅力。范成大对其他产区的沉香则品评道：“中州人士，但用广州舶上占城真腊等香。近年又贵丁流眉来者，余试之，乃不及海南中下品。舶香往往腥烈，不甚腥者，意味又短，带木性尾烟必焦。其出海北者，生交趾及交人得之海外蕃舶，而聚于钦州，谓之钦香。质重实，多大块，气尤酷烈，不复风味，惟可入药，南人贱之。”在范成大的眼中，外来舶香腥烈，唯可入药而已。生于北方山东新城（今山东桓台）

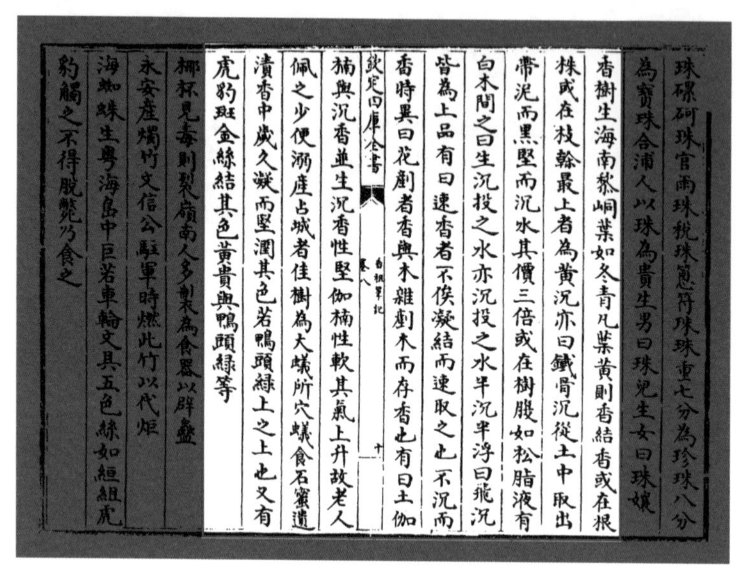
珠碌砢珠官雨珠稅珠蔥符珠珠重七分為珍珠八分
為寶珠合浦人以珠為貴生男曰珠兒生女曰珠娘
香樹生海南黎峒葉如冬青凡葉黃則香結香或在根
株或在枝榦最上者為黃沉亦曰鐵骨沉從土中取出
帶泥而黑堅而沉水其價三倍或在樹腹如松脂液有
白木間之曰生沉投之水亦沉投之水半沉半浮曰飛沉
皆為上品有曰速香者不俟凝結而速取之也不沉而
香特異曰花劇者香與木雜劇木而存香也有曰土伽
欽定四庫全書　香祖筆記 卷八　十
楠與沉香並生沉香性堅伽楠性軟其氣上升故老人
佩之少便溺產占城者佳樹為大蟻所穴蟻食石蜜遺
漬香中歲久凝而堅潤其色若鴨頭綠上之上也又有
虎豹斑金絲結其色黃貴與鴨頭綠等
椰杯見毒則裂嶺南人多製為食器以辟蠱
永安產燭竹文信公駐軍時燃此竹以代炬
海蜘蛛生粵海島中巨若車輪文具五色絲如絙組虎
豹觸之不得脫斃乃食之

《香祖笔记》（清·王士禛 著）

的清代文人王士禛在《香祖笔记》卷八中对海南沉香和土伽南也有详尽的描述：“香树生海南黎峒，叶如冬青。凡叶黄则香结，香或在根株，或在枝干。最上者为黄沉，亦曰铁骨沉，从土中取出，带泥而黑，坚而沉水，其价三倍。或在树腹，如松脂液，有白木间之，曰生沉，投之水亦沉。投之水半沉半浮，曰飞沉。皆为上品。有曰速香者，不俟凝结而速取之也，不沉而香特异。曰花铲者，香与木杂，铲木而存香也。有曰土伽楠，与沉香并生，沉香性坚，伽楠性软，其气上升，故老人佩之，少便溺。产占城者佳，树为大蚁所穴，蚁食石蜜，遗渍香中，岁久凝而坚润，其色若鸭头绿，上之上也。又有虎豹斑、金丝结，其色黄，贵与鸭头绿等。”明代万历年间青浦知县屠隆在其著作《考槃馀事》论香中则写道：伽南又称茄南、奇楠、棋南等名，自古为香家所慕香之极品，有绿棋、紫棋、白棋、黄棋等品类，香之成因在《古今图书集成》“博物汇编·草木典·香部汇考”中载：“香品杂出海上诸山，盖香木枝柯窍露者，木立死而本存者，气性皆温，故为大蚁所穴。蚁食石蜜，归而遗香中，岁久，渐渍木受蜜，气结而坚润，则香成矣。诸香惟此种不入药，本草不录。”香席品香，若品至伽南香，则到顶了。

宋代刘子翚的诗《邃老寄龙涎香二首》道：“微参鼻观犹疑似，全在炉烟未发时。”对司香者的考验就是香炉中香炭火候的拿捏，温度低了，香气不足；温度高了，香品熏焦冒烟，这一炉香就废掉了。只有沉香薄片上嗞嗞出油但并未生烟的那个微妙之处，才是品香的最佳之时，斗香、品香，就在这气味的细微处辨其高下。

刘良佑先生在《香学会典》中写到香席品香流程有三个阶段：品香、坐香、课香。品香的三个层次是先观其香，再谈其味，从品其气。品赏香气“上品其意，再品其境，次品在物，其下在香之本”。对香气的评鉴标准，刘良佑先生认为，“以意叙者上，以味叙者下；以境叙者上，以物叙者下”。

品香过后，须再通过坐香、课香来展现品香者的鉴赏水平与文学造诣。坐香即是默坐省思、勘验学问、探究心性的过程。课香即香偈构思到香笺撰写的过程，通过香这个媒介，以文学形式和书法载体，呈现品香者的心灵修养境界。刘良佑先生提出的品香四德：净心契道，品评审美，励志翰文，调和身心，既概括了文人香席品香的宗旨，也指出了香品品鉴的价值取向，将传统的斗香风俗升华为文人雅士的精神飨宴。

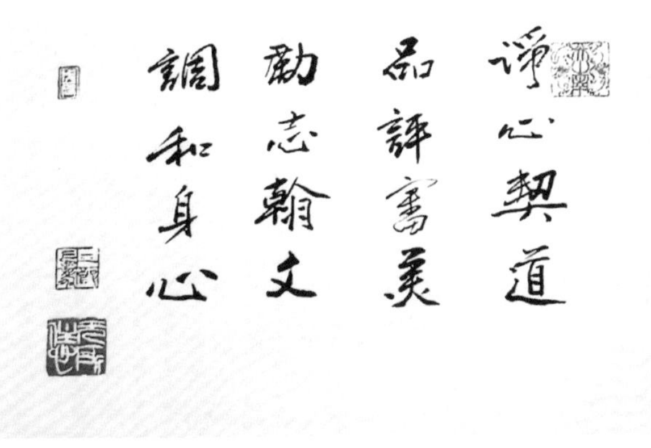

品香四德（刘良佑 书）

小雪·暖香炷罢春生室

草泥才出海边田，不共茶铛煮碧泉。
渔舍西风成昨梦，醉乡清味破中坚。
香留皂荚看灯夜，瓶卧黄花小雪天。
可惜老饕情思浅，只将一语为君传。

——清·厉鹗《酒蟹》

香气不仅有五味，也有冷暖。

立冬节气后，十五天小阳春已过，就迎来冬令六气中的孟冬亥月中气小雪，气温骤降，此时，炷一炉暖香，会带来满室如春的感觉。

暖香是什么？宋代陈元靓所著《岁时广记》卷四“炷暖香”条目写道：“《云林异景志》载，宝云溪有僧舍，盛冬，若客至，不燃薪火，暖香一炷，满室如春。”明代周嘉胄所著《香乘》、高濂《遵生八笺》皆辑录此条，但并无暖香香方传世。清代董说在《非烟香法》“香医”篇中写道：“蒸荔壳，如辟寒犀，使人神暖。”又道，“销暑，宜蒸松叶。凉夏，宜蒸薄荷。辟寒，宜蒸桂屑，又宜蒸荔壳。”在和香所用的香药中，乳香、檀香、丁香、木犀等皆为辛温发散的暖里之药，亦有生暖之功效。由此分析，暖香或为和香，抑或是南亚所产辛温之香料。

《香乘》卷八“香异”中录有引自任坊《迷舆记》“辟寒香”，曰：“辟寒香，丹丹国所出，汉武帝时入贡。每至大寒，于室焚之，暖气翕然自外而入，人皆减衣。”丹丹国为古代国名，约为现今马来西亚的吉兰丹，此香为焚燃之香。另有“寄辟寒香”的记载，虽是熏佩之香，但其发香的方式也应在铜制香囊中焚燃发香，如此香气和热量借助金属的热传导而发散。

在左页这幅清乾隆时期的《岁朝行乐图》画中有一火盆，从岁时节序的角

炷香丸添香手法

度来说，虽为季冬应景之画，但在画中主角脚下的火盆才是本期“炷暖香”的主题。画面中主人抱着一孩子坐在火盆边，其他人则围绕火盆而立。火盆边有一人正在堆灰调火，盆内堆起来的炉灰顶部绘有炭火焚燃的痕迹。在炭火上炷香，即是古人冬令围炉清谈的日常情景。

明代高濂《遵生八笺》“燕闲清赏笺”中录有金猊玉兔香方，为：“杉木烧炭六两，配以栗炭四两，捣末，加炒硝一钱，用米糊和揉成剂。先用木刻狻猊、兔子二塑，圆混肖形，如墨印法，大小任意。当兽口处，开一斜入小孔，兽形头昂尾低是诀。将炭剂一半，入塑中作一凹，入香剂一段，再加炭剂筑完，将铁线针条作钻，从兽口孔中搠入，至近尾止，取起晒干。狻猊用官粉涂身周遍，上盖黑墨。兔子以绝细云母粉胶调涂之，亦盖以墨。二兽俱黑，内分黄白二色。每月一枚，将尾就灯火上焚灼，置炉内，口中吐出香烟，自尾随变色样。金猊从尾黄起，焚尽，形若金妆，蹲踞炉内，经月不败，触之则灰灭矣。玉兔形俨银色，甚可观也。虽非大雅，亦堪幽玩。其中香料美恶，随人取用。”以上述做法制成的香兽亦可在围炉清谈时焚燃，香兽在炉火里烧成通体红彤彤、金灿灿的香炭，中口吐着香烟，此情此景如詹克爱《题西山禅房》诗中云：“暖香炷罢春生室，始信壶中别有天。”在《新纂香谱》中，也录有“金龟香灯”与“金龟延寿香”两个香方，它们与金猊玉兔香方相似，但现今市面上已见不到这样的香品了。

172 页图为炷香丸添香手法的细节照片。香筯所夹即为自制瑞和香丸，采用的是炭火炷香丸的熏香方式，即以通体烧透的热香炭入香灰中，直接将香丸、香饼放置于炭上焚熏，待香丸焚尽成为红火球时再夹一香丸或者香饼压在此香丸上，依次熏焚，可令房间暖香缭绕香气不断。

小雪一过，降温明显，居室中炷一炉暖香，既可辟寒又可祛秽，还能品味到古代文人冬令生活里的雅趣，不妨自己动动手，做做金猊玉兔香试试吧。

大雪·畅月熏香养心神

瑞雪初盈尺，寒宵始半更。
列筵邀酒伴，刻烛限诗成。
香炭金炉煖，娇弦玉指清。
醉来方欲卧，不觉晓鸡鸣。

——唐·孟浩然《寒夜张明府宅宴》

（潘永军 摄）

麝香

大雪是仲冬子月之节。《吕氏春秋》曰："仲冬，命之曰畅月。"郑玄注："畅，犹充也。"万物收藏充实于内，这对人的身心来说，既需要充实脏腑，也需要充实精神。香，是畅达气血、充实精神最好的伴侣。所以，冬令焚香对提神辟疫、净化环境有其独特功效，不仅应成为生活之日常，在择香用香方面更应该讲究一些，了解一点起码的常识。

清代医家徐灵胎在《神农本草经百种录》"麝香"条目中道："麝喜食香草，其香气之精，结于脐内，为诸香之冠。香者气之正，正气盛，则自能除邪辟秽也。"香者，气之正，所言不仅是指麝香，也包括了草木诸香。在明代唯一官修大型综合性本草图谱《本草品汇精要》中，对香药的气味描述，常见"气之厚者，阳也。气之薄者，阳中之阴。气味俱厚者，阳也"这样的说明。清代董说在《非烟香法》一书中则明确写道："养生不可无香，香之为用，调其外气，适其缓急，补阙而拾遗，截长而佐短。"就是说，养生不能没有香，香可以调节外部的气，让它的缓急合适，补充它的不足之处，抑制它的过分之处。自宋代以来，《陈氏香谱》、洪刍的《香谱》等历代香谱皆将合香用香料统称为香药。在中医防疫的历史记载中，香药熏焚都是祛瘟防疫首选良方。

仲冬时节用什么香品熏焚合适呢？在上个节气小雪时，我们推荐了驱寒生暖的暖香，除此之外，还可以选择以芳香理气、温中助阳的沉香、丁香、檀香、木香、乳香、豆蔻、安息香、降真香等香药和合修制的和香香品，如瑞和香、北苑名芳香、四时清味香、清斋香等；还可以选择以苍术、白芷、藿香、佩兰、

黑漆描金山水楼阁图圆手炉
（故宫博物院 藏）

菖蒲、羌活等香药组方的辟瘟香，如清秽香、清镇香、避瘟丹等。在《红楼梦》第十九回“情切切良宵花解语，意绵绵静日玉生香”中，有一段写到“（袭人）向荷包内取出两个梅花香饼儿来，又将自己的手炉掀开焚上，仍盖好，放在宝玉怀内”，这里的梅花香饼应是用以取暖的香炭饼，因为熏焚所用的器具为取暖熏香所用的手炉。

说到冬令焚香器具的选择，明代文震亨《长物志》中“置炉”条目道：“夏月宜用瓷炉，冬月用铜炉。”在“袖炉”条目道：“熏衣炙手，袖炉最不可少。”

右图中这件清禄书院所藏铜熏球，是仿自扶风法门寺地宫出土的唐鎏金双蛾团花纹银香球，小可做袖炉，大则可做“卧褥香炉”。汉代刘歆著、东晋葛洪辑抄的《西京杂记》中记载：“长安巧工丁缓者……作卧褥香炉，一名被中香炉……为机环，转运四周，而炉体常平，可置之被褥，故以为名。”这个铜熏球的球中心有可供置炭焚香的香盂，再由两个持平环支起，通过盂身的轴与内外两环的轴互相垂直并交于一点，在香盂本身重量作用下，无论熏球怎样滚动，盂体始终保持水平，香与炭火也不会倾洒，其作用原理与现代航空陀螺仪的三自由度万向支架相同。司马相如在《美人赋》中云：“寝具既陈，服玩珍奇，金鉔熏香，黼帐低垂。”其中的“金鉔”就是金熏球。

熏球在古人眼中，是冬令居家熏香暖被与怀袖暖手的雅物，不仅暖人，还有香氛，值得现在做生活品设计者借鉴。

冬至·焚香默坐候气至

读易烧香自闭门，懒於世故苦纷纷。
晓来静处参生意，春到梅花有几分。
——宋·陈必复《山中冬至》

冬至，仲冬子月中气。为一岁节气之始，也是一年节气之终。说其为一岁节气之始，缘自周历以冬月建子，以冬至为岁首。“冬至一阳生”，岁气的阴阳消长，以冬至为起点。又说冬至为一年节气之终，是因为目前通行公历也就是阳历年年末最后一个节气为冬至。而目前通行的节气顺序，将冬至列为第二十二个节气，则是以立春节气为始。

宋代诗人陈必复在《山中冬至》曰：“读易烧香自闭门，懒於世故苦纷纷。晓来静处参生意，春到梅花有几分。”冬至日焚香默坐，这是古代文人节令生活的日常风俗。《礼记·月令》中载，冬至应“君子斋戒，处必掩身。身欲宁，去声色，禁耆欲，安形性，事欲静，以待阴阳之所定”。儒家四书之首的《大学》，在其开篇所述三纲七证八目的“知、止、静、定、安、虑、得”修身七步骤，就是默坐自省之法。在现藏于辽宁省博物馆的明代画家唐寅的《悟阳子养性图》卷的细节中，老者悟阳子（顾谧）抱膝坐于蒲团上，头裹乌纱，身着宽袍，面孔微微上仰，仿佛神游物外。在其右手边矮桌上置一鼎式炉，还有一展开的书册与书函。如苏轼在《安国寺记》中言：“城南精舍曰安国寺，有茂林修竹，陂池亭榭。间一、二日辄往，焚香默坐，深自省察，则物我相忘，身心皆空，求罪垢所以生而不可得。一念清净，染污自落，表里翛然，无所附丽，私窃乐之。”“焚香默坐，深自省察，物我相忘，身心皆空，一念清净，染污自落。”此即是中华传统文人香事的灵魂之所在。

香，不仅可以净化环境，还是净化心灵的良药。焚香默坐、坐课香席的香事文化渗透到儒释道三家之中，并且形成了一整套从香室陈设到器物审美的仪范沿袭至今。对于文人香室的布置，宋陈敬在《陈氏香谱》引颜博文《香史》云：“焚香，必于深房曲室，用矮桌置炉与人膝平，火上设银叶或云母，制如盘形以之衬香，香不及火，自然舒慢，无烟燥气。”大意是香室不要太大，陈设的香桌高与膝平，这是从跪坐的角度来布置的，现在则桌高与腰平似更合适。桌上铺的桌布、桌旗宜素雅，上置香盘与香板，香盘可用竹制或漆器，盘中放筯瓶及匙筯、香合、渣碟。香板为司香工作区域，宜用石板等不惧火之板材，可将香炉、香具架、取炭炉、切香板置于香板上。如香板较小，可仅放香炉于其上，其他工具置于两侧，用时再放于香板上，用后即放原处。摆放及操作的原则是：物品取放，就近不越位；取用时，方便顺手不凌乱，即可。无需其他刻板的姿态与手法，自然流畅简易，方和于道。对于香炉的选择，《长物志》卷十“置炉”条目写道：“夏月宜用瓷炉，冬月用铜炉。”在炉瓶三事的选择与使用上，还是要再三强调中华香事应使用中式器物，这是历经宋、元、明、清数代用香家实践总结而来的范式。俗语道“器以载道”，器物本身是民族文化的符号，在当下国内各地的传统香文化活动与教学中，日本香道器具常被摆上香案，这说明我们对中华传统香文化的传承还有待系统深入地学习领会，在普及传播方面还有巨大的空间可为，了解中华传统香文化的香席陈设与器具使用仪范，对今天的香文化爱好者来说，显得尤其重要。

明宣德•三足冲天耳铜炉；明•紫檀细颈纸槌形香瓶；南宋•剑环纹剔红香合，内盛海南沉香（吴亦深 藏）

文徵明的《焚香》诗生动描绘了传统文人品香的意趣所在：“银叶荧荧宿

火明，碧烟不动水沉清。纸屏竹榻澄怀地，细雨清寒燕寝情。妙境可参先鼻观，俗缘都尽洗心兵。日长自展南华读，转觉逍遥道味生。”从明代画家文嘉、钱穀、朱朗的《药草山房图卷》细节中可以看到，在山房右间室内与膝平的香桌上陈设着炉瓶三事与瓶花，两人在桌前席上端坐，鼎炉中香烟袅袅，右侧墙上还悬一床古琴。据卷后文嘉题跋可知，此图所绘为嘉靖庚子十月十九日，文嘉与文彭、钱穀、朱朗、石岳、陆芝、周天球、蔡叔品等友人冒雨游药圃雅集的场景。品香坐课吟咏题笺则是明代文人雅集中不可或缺的节目。

文人的坐课香席如刘良佑先生在《香学会典》中所言：“香席是经过用香工夫之学习、涵养与修持后，而升华为心灵飨宴的一种美感生活。”用香工夫需要学习哪些内容呢？需要学习和了解香文化史，香料的辨识与品鉴，各时期

《药草山房图卷》局部（明·文嘉、钱穀、朱朗 绘，上海博物馆 藏）

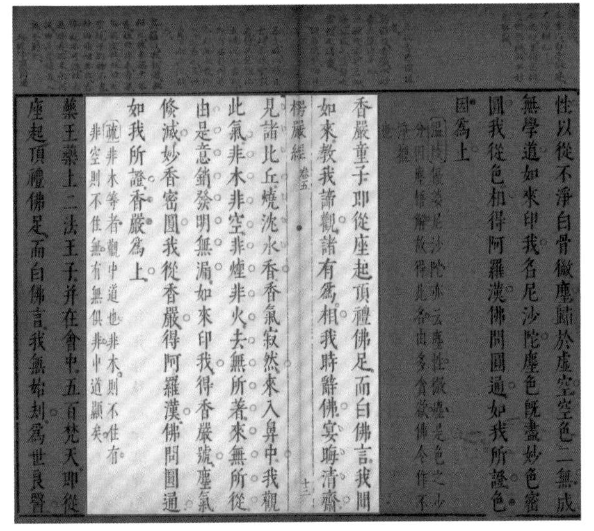

性以從不淨白骨微塵歸於虛空空色二無成
無學道如來印我名尼沙陀塵色既盡妙色密
圓我從色相得阿羅漢佛問圓通如我所證色
因爲上

楞嚴經 卷五

香嚴童子即從座起頂禮佛足而白佛言我聞
如來教我諦觀諸有爲相我時辭佛宴晦清齋
見諸比丘燒沈水香香氣寂然來入鼻中我觀
此氣非木非空非煙非火去無所著來無所從
由是意銷發明無漏如來印我得香嚴號塵氣
倏滅妙香密圓我從香嚴得阿羅漢佛問圓通
如我所證香嚴爲上
疏非木等者觀中道也非木則不堕有非空則不堕無有無俱非中道顯矣
藥王藥上二法王子并在會中五百梵天即從
座起頂禮佛足而白佛言我無始劫爲世良醫

《楞严廿五圆通佛像册·香严童子像》（明·吴彬 绘）

各流派的香器具考辨与使用，各种环境、场景、仪式中的用香选择，品香技巧训练等内容。更为重要的是，通过品香澄怀净虑，涵养性情，使精神品格得到升华。

在汉传佛教所推崇的《大佛顶首楞严经》卷五“香严童子章”中，有一位香严童子作为二十五位圆通菩萨中的第三位证道者，向佛陀汇报了闻沉香而悟道的心得：“我时辞佛，宴晦清斋，见诸比丘烧沉水香，香气寂然来入鼻中，我观此气，非木非空，非烟非火，去无所着，来无所从，由是意销，发明无漏。如来印我得香严号。尘气倏灭，妙香密圆，我从香严，得阿罗汉。”这段话的意思是说，香严童子是在静坐止观中闻到沉香的香气为缘起，觉观香气非木非空，非烟非火，去无所着，来无所从，而由此证得般若智慧。佛教认为，“定能生慧”，在这里，就与儒家四书之首的《大学》开篇所述三纲七证八目中，“知、止、静、定、安、虑、得”修身七步骤殊途同归。

冬至风俗流传至今，仍让人熟悉的恐怕只剩下祭祖与美食，在冬至日试一试中式传统的焚香默坐，这般体验能让你更加直观地领会古诗文意境所在，而非仅仅是文意的理解，这种体验式的学习与感受，是对传统文化系统学修与研习的正途。相信大家以节气为脉络对中华传统香文化的研习，会对岁时香事这一主题有一个全新的、深入的了解了吧！

从这幅英国摄影师 Thomas Child 于 1870 年在北京拍摄的“东凌云芳”香店四柱三楼的门楼照片，可以想见晚清时期香铺在京城的风华。一百五十余年弹指一挥间，中华传统香事不仅没有失传，反而以更鲜活的风貌融入中华民族伟大复兴的洪流之中。清代画家石涛说过，“笔墨当随时代”，传统香文化亦可在我们今天的生活里为忙碌的身心解压，为琐碎的日常添彩，更重要的是它所承载的数千年凝聚起来的跨学科、多层次、多场景的应用，既具有实用价值，又具备审美属性的传统文化积淀，需要大家用心来系统地学习与传承。

1870 年北京“东凌云芳”香店门楼〔(英) Thomas Child 摄〕

参考书目

《香学会典》. 刘良佑著 . 东方香学研究会，2003

《廿四香笺》. 吴清著 . 山东画报出版社，2017

《炉瓶三事》. 吴清著 . 浙江人民美术出版社，2019

《香乘》.［明］周嘉胄著 . 明崇祯十四年刊本

《香谱•陈氏香谱》.［宋］洪刍，陈敬著 . 中国书店，2018

《桂海虞衡志校注》.［宋］范成大著 . 严沛校 . 广西人民出版社，1986

《铁围山丛谈》.［宋］蔡绦著 . 冯惠民校 . 中华书局，1983

《考古图（外五种）》.［宋］吕大临等著 . 上海书店出版社，2016

《武林旧事》.［南宋］周密著 . 古典文学出版社，1956

《洞天清录（外二种）》.［宋］赵希鹄著 . 浙江人民美术出版社，2016

《考槃馀事（外三种）》.［明］屠隆著 . 中华书局，1985

《遵生八笺》.［明］高濂著 . 王大淳校 . 浙江古籍出版社，2017

《长物志校注》.［明］文震亨著 . 陈植校 . 江苏科学技术出版社，1985

《香祖笔记》.［清］王士禛著 . 中国书店出版社，2018

《闲情偶寄》.［清］李渔著 . 杜书瀛译 . 中华书局，2014

《浮生六记》.［清］沈复著 . 苗怀明译 . 中华书局，2018

《非烟香法》.［清］董说著 . 清道光吴江沈氏世楷堂藏本

《青烟录》.［清］王讶 . 四库未收书辑刊•拾辑•12 册

《五灯会元》.［宋］普济编 . 苏渊雷点校 . 中华书局，1984

《禅林象器笺》.［日］无著道忠编 . 杜晓勤释译 . 东方出版社，2019

《香志•香圣黄庭坚》. 孙亮主编 . 知识产权出版社，2018

《名医别录》.［梁］陶弘景撰 . 尚志钧辑校 . 中国中医药出版社，2013

《新修本草》.［唐］苏敬等撰．尚志均辑校．安徽科学技术出版社，2005
《扁鹊心书》.［宋］窦材撰．宋白杨注．中国医药科技出版社，2011
《本草品汇精要》.［明］刘文泰等撰．陆拯注．中国中医药出版社，2013
《朱权医学全书》.［明］朱权著．叶明花，蒋力生辑校．中医古籍出版社，2016
《神农本草经百种录》.［清］徐灵胎编．中国医药科技出版社，2011
《敦煌医药文献辑校》．马继兴等编．江苏古籍出版社，1998
《清宫医案研究》．陈可冀主编．中医古籍出版社，1996
《清宫配方集成》．陈可冀主编．北京大学医学出版社，2013
《本经逢原》.［清］张璐撰．刘从明校注．中医古籍出版社，2017
《理瀹骈文》.［清］吴尚先著．中国医药科技出版社，2019
《中医香疗学》．杨明编．中国中医药出版社，2018
《岁时广记》.［宋］陈元靓著．许逸民校．中华书局，2020
《东京梦华录·梦粱录》.［宋］孟元老，吴自牧著．江苏凤凰文艺出版社，2019
《清嘉录·桐桥倚棹录》.［清］顾禄撰．来新夏，王稼句点校．中华书局，2008
《节序同风录》.［清］孔尚任著．浙江人民美术出版社，2016
《故宫退食录》．朱家溍著．紫禁城出版社，2009
《历代社会风俗事物考》．尚秉和编．江苏古籍出版社，2006
《中华全国风俗志》．胡朴安著．河北人民出版社，1986
《墨法集要·墨谱法式》.［明］沈继孙著．［宋］李孝美著．浙江人民美术出版社，2013
《佩文斋广群芳谱（外二十种）》.［清］汪灏撰．上海古籍出版社，2010
《花镜》.［清］陈淏之著．陈剑校．浙江人民美术出版社，2015

后记

这是一本向我的恩师著作《廿四香笺》致敬的书。无论是开本还是版式，皆以《廿四香笺》为模板，仅字号略加大，以便于阅读时眼睛不会太疲劳。书中所有图片，皆是作为图解信息来使用，独立的信息图片皆配说明，未配说明的图片，皆与正文文字中的内容紧密呼应，请读者朋友们阅读时留意。

本书自 2021 年霜降开始着手改编原刊于《新闻晨报》“物候日志”专栏的文字，再针对文字内容需要，拍摄、采集、编辑图片素材，每个篇章都是在恩师吴清先生的悉心指导下反复修改完成。

本书得以出版，首先要感谢《新闻晨报》各位领导。2013 年，时任晨报总编辑的马笑虹老师在编前会上安排我写一篇物候日志，才有了今天的这第一本物候日志专栏的结集。感谢黄琼社长、杨伟中总编支持我，将这个专栏写到今天已是第九年。在这九年里，每篇文章都是吴志浩老师安排编辑老师们在报纸上编发，陈里予老师负责在周到 APP 上发布，视觉部周勇、蔡嵩麟、张继三位老师先后为专栏制作插图，陈怡、秦川、李明、刘辉、吴家萱等老师给予了指导。

专栏成书，要感谢复旦大学沈国麟教授的支持与勉励，他在百忙中审读书稿，作总序，并为本书题名。感谢马笑虹总编和吴清先生为本书作序，《新民晚报》美编董春洁女士精心的版式设计，为本书增色不少。

书中的敦煌壁画作品是我的学长敦煌研究院孙志军先生拍摄，部分来自海外博物馆的藏品，也是经他与相关博物馆联络，才获得了高精度的数字文件。

书中的两幅清末老照片，是由著名老照片研究学者王溪博士友情提供。小寒节气开篇图片场景摄于著名收藏家、策展人吴亦深先生的客厅。书中多数精美香器具来自吴清先生丰富的香文化藏品，由吴兆丰师兄为之拍摄，他还帮我找了他所拍摄的一大批香文化资料图片，细心分类建立文件夹拷贝给我，供本书选择使用。本书所有海南沉香藏品照片由海南沉香藏家陆晨先生提供，香药养生方面内容得到了黄宗隆博士的指导。清禄书院门下师兄如瑜、如璟、如瑫、如瑒、如瑊、如琂都为本书在香品、器物、文献与仪范方面提供了大量的指导与帮助，黄礼君先生给予了很多好的建议和指导，扬州潘永军先生为本书提供了多幅精彩的香文化照片。其他图片除署名外，皆是我本人所摄，胞弟岳锋后期修图，李勤女士为书中部分示范插图司香。

本书每个篇章都凝结着很多情谊与故事在其中，在此谨向所有给予帮助与指导的师友致以诚挚谢忱。

最后，特别要感谢我的父母亲，他们随我沪漂近二十年来，含辛茹苦帮我将女儿桂竹带大，照顾我们起居，才让我有更多的时间能够安心于工作和学习。

愿以此书之香，献给已往生极乐的爱妻荣荣。

岳强壬寅上元于鹿城德乐堂

图书在版编目（CIP）数据

岁时香事 : 中国人的节气生活 / 岳强著 . -- 上海 : 文汇出版社 , 2022.9
（“文化传家”系列丛书 / 沈国麟主编）
ISBN 978-7-5496-3774-4
Ⅰ . ①岁… Ⅱ . ①岳… Ⅲ . ①二十四节气–基本知识 Ⅳ . ① P462
中国版本图书馆 CIP 数据核字 (2022) 第 094575 号

（“文化传家”系列丛书）
岁时香事：中国人的节气生活

主　　编 / 沈国麟
著　　者 / 岳　强
责任编辑 / 鲍广丽
装帧设计 / 董春洁

出 版 人 / 周伯军

出版发行 / 文匯出版社
上海市威海路 755 号
（邮政编码 200041）
经　　销 / 全国新华书店
印刷装订 / 上海颛辉印刷厂有限公司
版　　次 / 2022 年 9 月第一版
印　　次 / 2023 年 6 月第五次印刷
开　　本 / 787×1092　1/16
字　　数 / 153 千字
图　　片 / 173 幅
印　　张 / 12.25

书　　号 / ISBN 978-7-5496-3774-4
定　　价 / 88.00 元